科普中国书系·前沿科技

超级显微镜

陈佳洱　张　闯◎著

科学普及出版社
·北　京·

图书在版编目（CIP）数据

超级显微镜/陈佳洱，张闯著．—北京：科学普及出版社，2021.11

（科普中国书系．前沿科技）

ISBN 978-7-110-10070-7

Ⅰ.①超… Ⅱ.①陈… ②张… Ⅲ.①加速器—青少年读物 Ⅳ.①TL5-49

中国版本图书馆CIP数据核字（2021）第107550号

策划编辑　郑洪炜　牛　奕
责任编辑　郑洪炜
封面设计　长天印艺
正文设计　逸水翔天
责任校对　邓雪梅
责任印制　马宇晨

出　　版　科学普及出版社
发　　行　中国科学技术出版社有限公司发行部
地　　址　北京市海淀区中关村南大街16号
邮　　编　100081
发行电话　010-62173865
传　　真　010-62173081
网　　址　http://www.cspbooks.com.cn

开　　本　710mm × 1000mm　1/16
字　　数　125千字
印　　张　10
印　　数　1—5000册
版　　次　2021年11月第1版
印　　次　2021年11月第1次印刷
印　　刷　北京盛通印刷股份有限公司
书　　号　ISBN 978-7-110-10070-7/TL · 9
定　　价　58.00元

第一章　为粒子加速增能

第二章　探秘粒子加速器

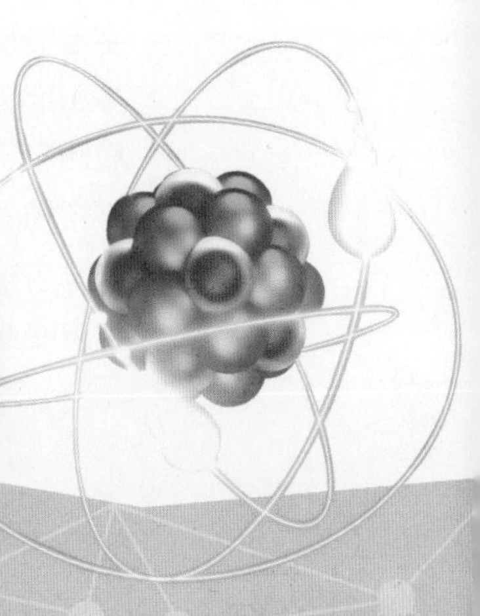

第三章　身边的加速器

第四章　新型加速器

第五章　天然加速器

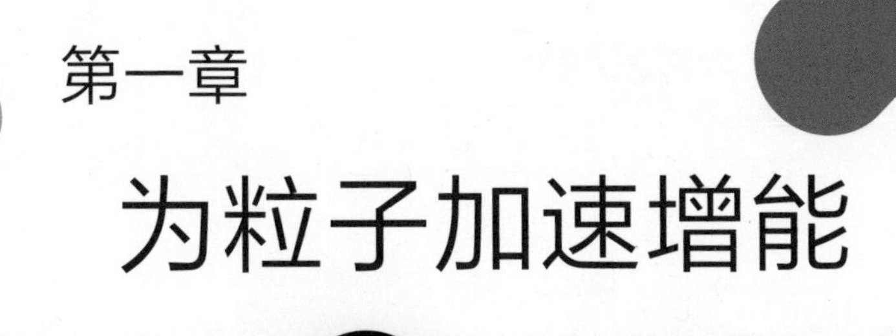

第一章

为粒子加速增能

19世纪末，电子的发现打开了原子世界的大门。20世纪初，科学家开始用天然放射性射线对原子和原子核进行研究。对于更高能量和更高流强的粒子束流的需求，催生了粒子加速器。在这一章里，我们将介绍粒子加速器的发明和发展历程，讲述早期加速器研究的科学家故事，并讨论从高压加速器、感应加速器、回旋加速器、同步加速器，直到对撞机的基本工作原理。

山雨欲来

我们日常生活中见到的物质都是由分子和原子构成的，那么原子是由什么组成的呢？在19世纪末，英国物理学家汤姆逊（J.J.Thomson）用巧妙的阴极射线管实验，发现了电子。他指出，电子是一切原子的组成部分。这一发现，打破了原子不可分割的传统观念。在这个基础上，汤姆逊提出了原子结构的“葡萄干布丁”模型。在这个模型里，原子由一个带正电的球体（布丁）和镶嵌在其中的带负电的电子（葡萄干）组成。电子携带的负电荷和“布丁”球体带的正电荷在数量上相等，因此原子在整体上呈电中性。电子的发现打开了原子世界的大门，人们迎来了20世纪物理学的崭新时代。

汤姆逊和他的“葡萄干布丁”原子结构模型

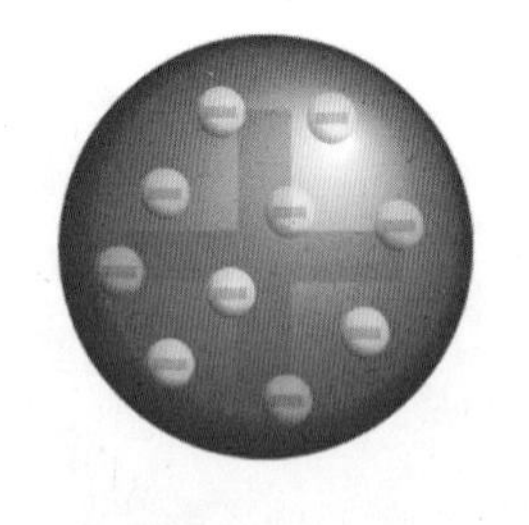

在汤姆逊提出原子结构的“葡萄干布丁”模型之后，许多物理学家都力图从实验上探明原子内部的结构。1907年，英国科学家欧内斯特·卢瑟福（Ernest Rutherford）与两位年轻的合作者一起，用α射线去轰击金箔（α粒子是氦原子核，α射线是从某种放射性原子中发出的氦原子核流）。在卢瑟福的实验中，用一束α粒子流照射金箔，在金箔的另一侧放置一块荧光屏。他们发现，绝大多数的α粒子束从金箔穿过，虽然会发生散射，但散射角度都很小，而只有少量粒子（大约每2万个α粒子中只有1个），被反弹回来。

卢瑟福散射实验中α粒子散射示意图

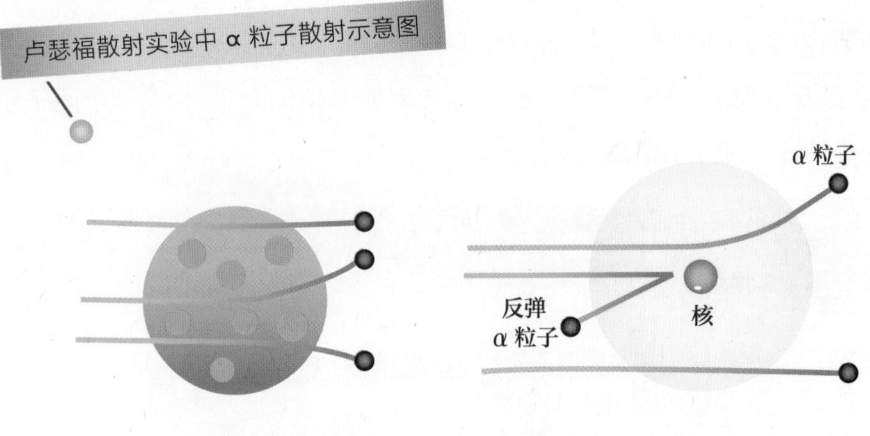

A
“葡萄干布丁”模型中α粒子发生小角度偏转

B
在有核模型中少量α粒子被反弹回来

这个结果，显然不能用汤姆逊的“葡萄干布丁”模型来解释。因为电子的质量大约只有α粒子的1/8000，α粒子打在电子上最可能的结果是把电子打跑，不可能被弹回去。所以，卢瑟福猜测α粒子可能是打在原子中带正电的“核心”上了。于是，卢瑟福提出了一个新的原子结构模型：原子由一个携带正电荷的核和围绕原子核运动、带负电的电子构成。

卢瑟福和他的原子结构模型

在卢瑟福的原子结构模型中，原子核只占原子中的很小一部分，却拥有原子的大部分质量。那么，原子核有没有结构呢？1919年，卢瑟福用α粒子轰击氮原子核，第一次实现了人工的原子核反应，同时证实了原子核可再分，它们有复杂的内部结构。在这个实验里，1个高速运动的α粒子打到1个氮原子核上，生成了1个氧的同位素原子核（$^{17}_{8}O$，包含8个质子和9个中子）和1个氢原子核。

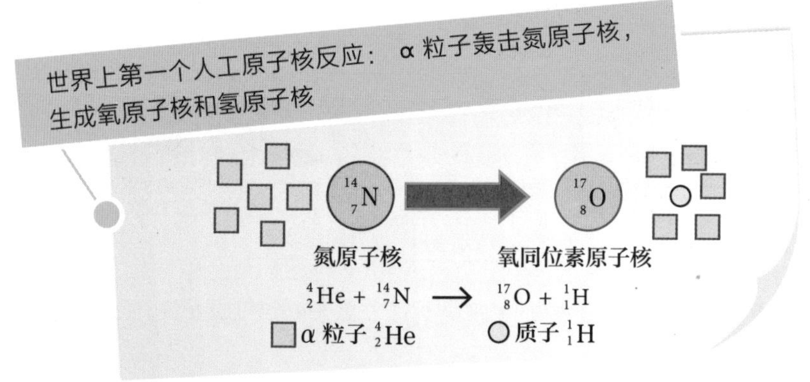

世界上第一个人工原子核反应：α粒子轰击氮原子核，生成氧原子核和氢原子核

在卢瑟福实验中，α粒子是由天然放射性元素产生的。天然放射性粒子的能量较低且不可调节，在单位时间里产生的粒子数目也很少，因此很难做精确定量的实验，这限制了物理学家探索原子核奥秘的步伐。卢瑟福曾感慨地说："多年来，我一直希望有一种能提供比天然放射性物质产生的粒子能量更高的带电粒子源。"

20世纪20年代原子核物理的研究，催生了粒子加速器。

应运而生

1923年，在德国攻读博士学位的挪威研究生罗夫·维德罗（Rolf Wideroe），对利用电磁场与带电粒子的相互作用产生了浓厚的兴趣。他研究了随时间变化的磁场产生的涡旋电场，发现在一定条件下，这个电场恰好能够加速受磁场所约束在某一轨道上的电子。他把这个结果写在实验室的笔记本上，还画了一张这种加速器的草图。按照他的设想，用交变电流激励一块电磁铁，在磁铁周围安装环形的真空盒，电子束在磁场的约束下在真空盒中回旋运动，如果磁场能满足1∶2的条件，也就是中心磁场随时间的变化率刚好是平均磁场的变化率的1/2时，电子就能在一个固定的轨道上被持续加速。这就是现在公认的电子感应加速器原理。

罗夫·维德罗
（图片来源：https://commons.m.wikimedia.org/wiki/File:ETH-BIB-Wideröe,_Rolf_(1902–1996)–Portr_12854.tif）

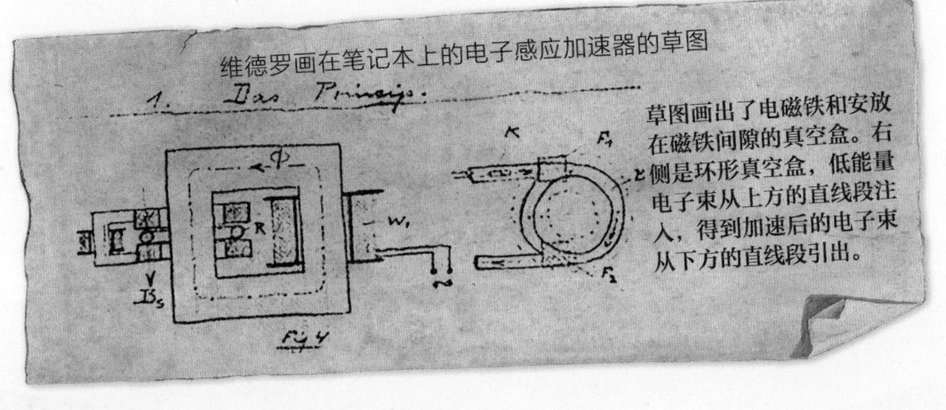

维德罗画在笔记本上的电子感应加速器的草图

草图画出了电磁铁和安放在磁铁间隙的真空盒。右侧是环形真空盒，低能量电子束从上方的直线段注入，得到加速后的电子束从下方的直线段引出。

维德罗制作过一台电子感应加速器的样机，但不幸的是，他始终没能从这台样机中引出束流。当时，谁也不知道这台按照“1:2原理”制作的电子感应加速器究竟为什么不工作。很久以后人们才发现，这是因为在偏转磁铁中没有加上加聚焦分量。原来，从电子枪发射出的束流中的电子，都有一定的位置和角度的分散，如果不对它们进行聚焦，“差之毫厘，谬以千里”，就会在一圈圈的回旋运动中，或迟或早地打到真空盒的壁上损失掉。知道了这个原因后，直到1942年，美国工程师唐纳德・科斯特（D.W.Kerst）才建成世界上第一台可以工作的电子感应加速器。

建造电子感应加速器的失败，使维德罗感到十分沮丧。就在这个时候，维德罗看到瑞典科学家古斯塔夫・伊辛（Gustav Ising）发表在物理杂志上的一篇论文。伊辛在论文中提出，可以在金属圆筒形电极上加高频电压，当高频电场对带电粒子的作用力与粒子运动方向相反时，让粒子“躲”在起屏蔽电场作用的金属圆筒里；而在粒子到达两个金属圆筒间隙时，高频电场力刚好“推动”前进而得到加速。维德罗从中受到了启发，提出了利用较低的电压沿直线像接力赛跑那样加速粒子的方法。1928年，维德罗制成了一台直线形的加速器，把带正电的钾离子加速到5万电子伏。这可以说是世界上第一台粒子加速器，也被称为维德罗加速器。

维德罗加速器

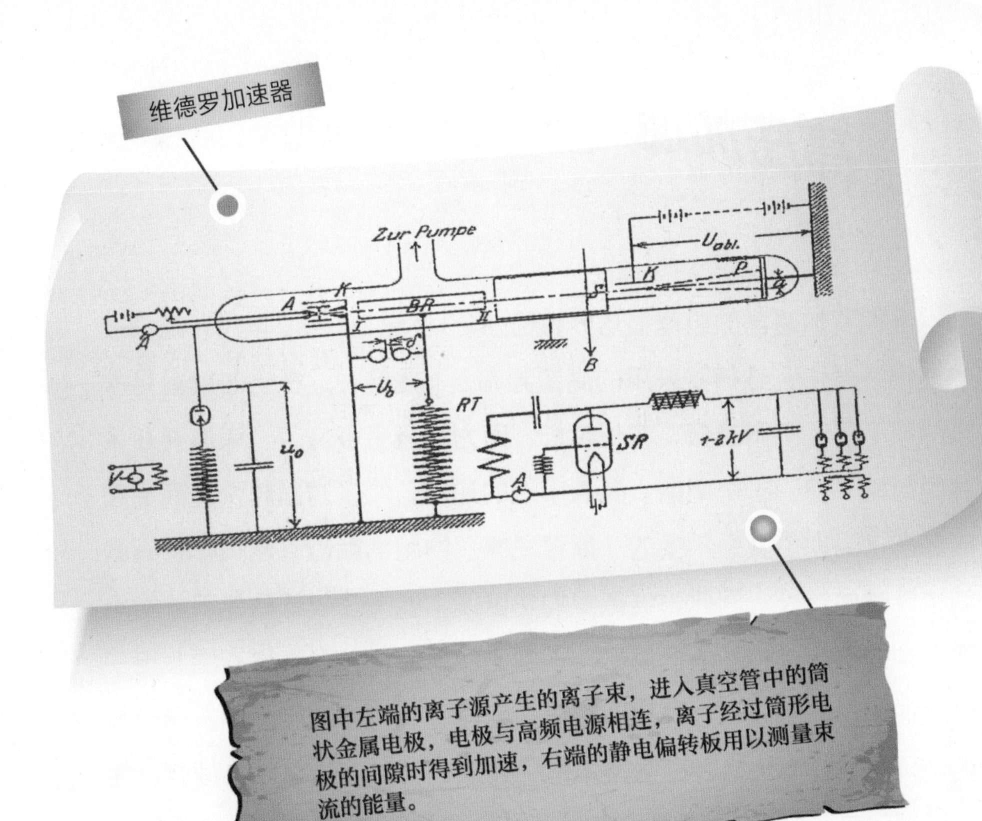

图中左端的离子源产生的离子束，进入真空管中的筒状金属电极，电极与高频电源相连，离子经过筒形电极的间隙时得到加速，右端的静电偏转板用以测量束流的能量。

高压加速

维德罗加速器的原理很巧妙，但在20世纪20—30年代，高频技术还很不发达，维德罗采用的高频频率是1兆赫，这在当时就算是很高的频率了。频率越低，波长越长，而为了避免被减速，束流要在金属圆筒里“躲”半个周期。随着束流的加速，粒子越跑越快，而高频的频率（周期）又是不变的，需要“躲”的距离就越来越长，金属圆筒也要越做越长。因此，维德罗加速器既不能加速较低动能下就能跑得很快的电子，也不能把离子加速到天然放射性粒子那样高的兆电子伏级的能量。所以，这种早期直线加速器并没有得到实际的发展。直到20世纪40年代，在高频技术取得突破的基础上，直线加速器才重新发展起来。

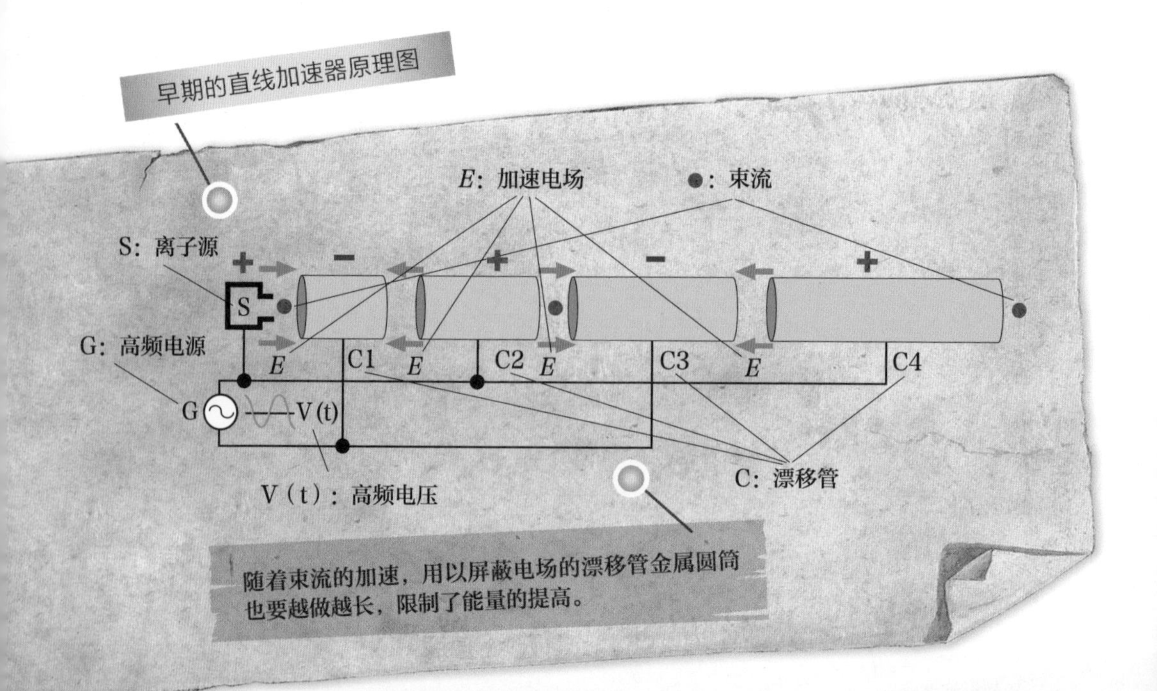

于是，人们把注意力转到采用直流高压加速这个最直接的加速方法上。我们知道，电荷为$q=ne$（n为整数）的粒子从一个电极运动到另一个电极，就能获得neV的能量。这里的eV是加速器中常用的粒子能量单位，即电子伏。在加速器中，经常用千电子伏（keV=10^3eV）、兆电子伏（MeV=10^6eV）、吉电子伏（GeV=10^9eV）、太电子伏（TeV=10^{12}eV）等来表示粒子的能量。

为了将粒子加速到能把原子核打开的能量，人们着手研究各种类型的高电压发生器。1928年，卢瑟福的两位年轻的助手约翰·考克饶夫（John Cockcroft）和欧内斯特·沃尔顿（Ernest Walton）研制了一台80万伏的高压发生器，并在1932年建成了世界上第一台倍压型加速器，产生了能量为40万电子伏*的质子束。他们利用这台倍压型加速器产生的质子束轰击锂靶，把锂原子核打开并产生两个α粒子，首次实现了人工产生束流的原子核反应。考克饶夫和沃尔顿也因此获得了1952年的诺贝尔物理学奖。

1948年牛津大学的高压倍加器

* 准确地说是“动能”，而不是包含静止能的“总能量”，但习惯上称为“能量”，下同。

几乎在同一时期，美国科学家范·德·格拉夫（Van de Graaff）发明了静电高压发生器，获得了150万伏的高电压，并在此基础上建成了世界上第一台静电高压加速器。这种基于输电带产生静电高压的原理来加速带电粒子的加速器，又被称为范·德·格拉夫加速器。

世界上第一台静电高压加速器

范·德·格拉夫和他发明的静电加速器（图片来源：https://commons.m.wikimedia.org/wiki/File:Lehenengo_Generatzailea.jpg）

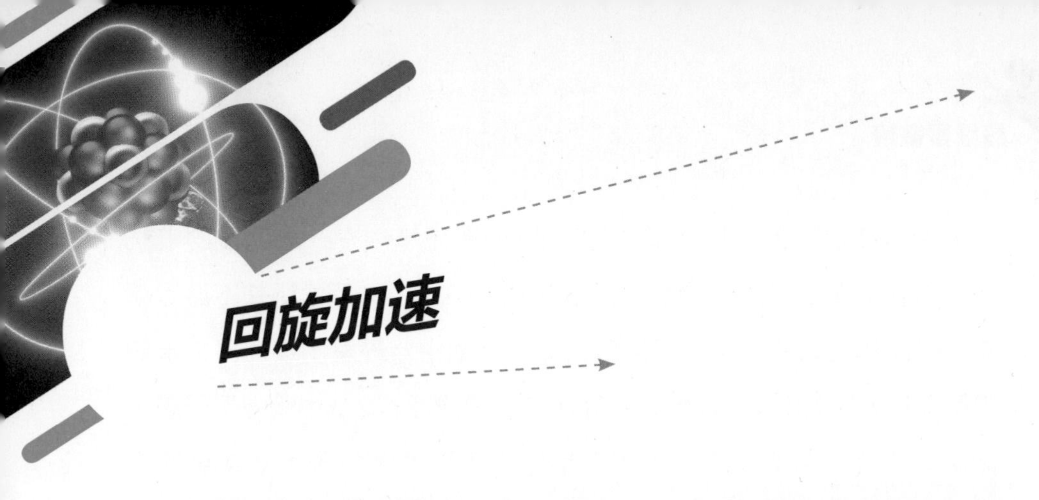

回旋加速

虽然高压型加速器的原理很简单，也有可能获得兆伏级的高电压，但如果继续提高电压，就可能使绝缘材料和设备被击穿破坏，即使在很高的真空环境下也会发生电极之间的打火，这限制了高压型加速器向更高能量的发展。

当时，许多科学家都在研究更加有效的加速粒子的方法。有什么办法可以克服高压型加速器中击穿的困扰和粒子一次性加速的弱点呢？1928年，年轻的美国物理学家欧内斯特·劳伦斯（Ernest Lawrence）加入了美国加州大学伯克利分校，他也在苦苦思索如何

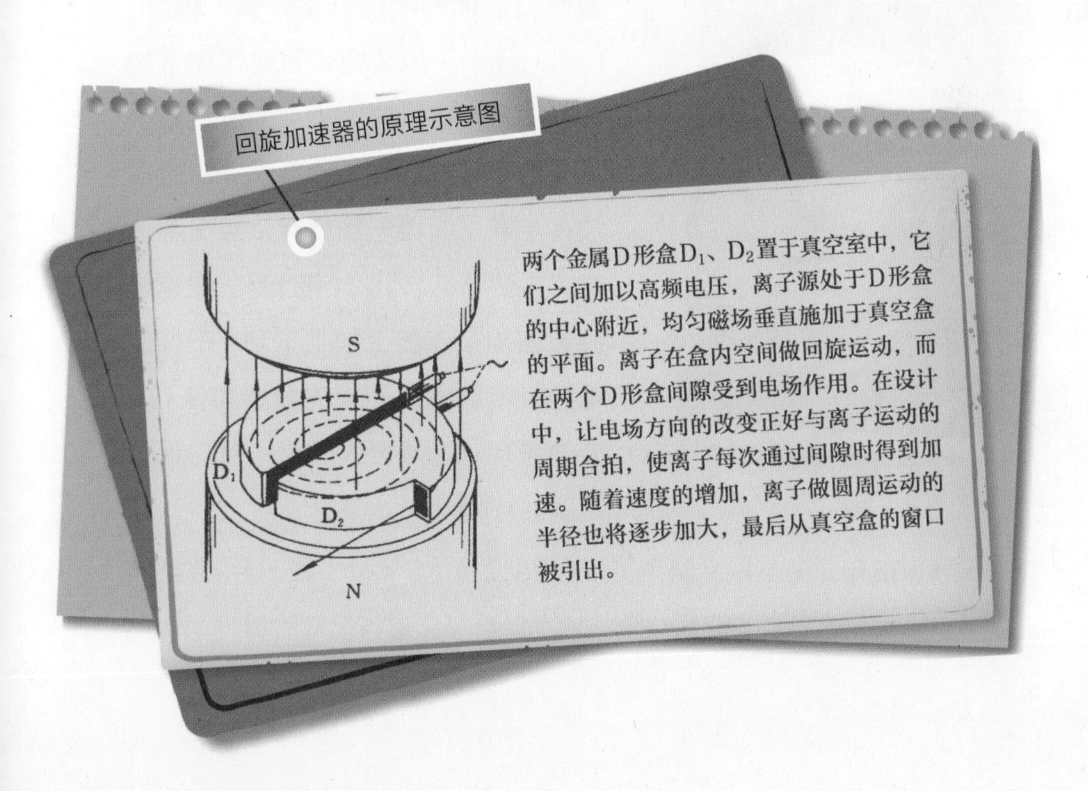

回旋加速器的原理示意图

两个金属D形盒D_1、D_2置于真空室中，它们之间加以高频电压，离子源处于D形盒的中心附近，均匀磁场垂直施加于真空盒的平面。离子在盒内空间做回旋运动，而在两个D形盒间隙受到电场作用。在设计中，让电场方向的改变正好与离子运动的周期合拍，使离子每次通过间隙时得到加速。随着速度的增加，离子做圆周运动的半径也将逐步加大，最后从真空盒的窗口被引出。

突破这一技术瓶颈。1929年年初，劳伦斯无意中在一本德文的电气工程杂志上看到维德罗的论文，立刻被吸引住了。劳伦斯并不熟悉德文，但他从文章的插图、照片和列出的数据中，理解了维德罗关于如何避开高电压的困扰，让粒子得到多次加速的理念，从中获得了灵感。谐振型的直线加速器需要用一连串电极，而随着粒子运动速度的增加，金属圆筒也要越做越长。那么，能不能只用两个电极使带电粒子反复通过这两个电极来加速呢？经过计算，劳伦斯提出了一种获得高速粒子的新方法——将偏转磁场和高频电场恰当地配合，使粒子沿着半径不断增大的螺旋形轨道运动而逐圈得到加速，这就是回旋加速器的原理。

劳伦斯

1930年春，劳伦斯让研究生做了两个回旋加速器模型，其中的一个还真显示出了能工作的迹象。随后，劳伦斯请他的学生利文斯顿（M. S. Livingston）用黄铜和封蜡制作了加速器的真空室，这个小小的装置直径只有约11.4厘米（4.5英寸），可以放在手掌上，但已经具有了粒子加速器的主要特征。1931年1月，在这个微型回旋加速器上加上不到1千伏的电压，就能将质子束的能量加速到8万电子伏。这是世界上第一台回旋加速器。

1932年，劳伦斯又制作了一台23厘米（9英寸）和一台28厘米（11英寸）的回旋加速器。随着加速器直径和磁铁尺寸的增大，他们把质子加速到了1.25兆电子伏。此时，从英国卡文迪什实验室传来了考克饶夫和沃尔顿用直流高压型加速器首次实现了用人工产生的束流打开锂原子核的消息。劳伦斯和他的同事夜以继日地工作，不久之后他们就在直径约为27.9厘米（11英寸）的回旋加速器上，实现了考克饶夫和瓦尔顿的核反应。

在这以后，在伯克利实验室建造了多台回旋加速器，一次又一次地打破加速器束流能量的世界纪录。1932年，劳伦斯和利文斯顿建造了一台直径为68.6厘米（27英寸）的回旋加速器，产生了能量达4.8兆电子伏的质子束流，在这台加速器上陆续制造出Na-24、P-32、I-131、Co-60等同位素。1936年，在劳伦斯主持下，这台加速器被改建成了一台94厘米（37英寸）的回旋加速器，粒子能量达到6兆电子伏。利用这台装置，科学家完成了中子磁矩的测量，并且制造出第一个人造元素——锝。劳伦斯也因他发明与发展了回旋加速器和发现人工放射性元素等成就获得了1939年的诺贝尔物理学奖。科学家并没有因此停步，1939年建成的直径1.52米（60英寸）回旋加速器，把质子束的能量推进到20兆电子伏，并利用这台机器发现了一系

劳伦斯（右）与利文斯顿（左）和68.6厘米的回旋加速器

列超铀元素。为此，加州大学伯克利分校辐射实验室的麦克米伦（E. Mcmillan）和西博格（G. Seaborg）于1951年荣获诺贝尔化学奖。由于回旋加速器的发明和发展，劳伦斯所在的美国加州大学伯克利分校成为核科学研究和应用的中心。

1939年建成的1.52米的回旋加速器，把束流能量推进到20兆电子伏

从滑相到同步

回旋加速器采用恒稳磁场偏转粒子，用频率和电压固定的高频电场加速粒子，随着束流能量的提高，束流转圈的半径会越来越大，沿着近似于螺旋线形的轨道做回旋运动。其中，轨道周长的增大和粒子运动速度的增加刚好抵消，而由于相对论效应粒子的质量增加，使得粒子回旋的频率越来越低。由于高频电场的频率是固定不变的，这样就使得粒子每一圈经过加速间隙时，高频的相位都不一样，结果造成粒子和高频越来越不合拍。这个现象在加速器物理里被称为“滑相”。显然，如果高频的相位“滑”到减速相位，粒子就不能继续被加速了。因此，滑相效应就成为限制回旋加速器加速粒子能量提高的瓶颈。

科学家想了许多办法来克服回旋加速器中的滑相效应。1938年，英国科学家卢埃林·托马斯（Llewellyn Thomas）提出，可以采用扇形或螺旋线形的特殊磁场，使粒子的回旋频率保持不变，这就是等时性回旋加速器。由于当时粒子动力学的理论还不成熟，加上产生这种特殊形状的磁铁技术的限制，一直到20世纪60年代初，才建成了第一台扇形聚焦回旋加速器。等时性回旋加速器突破了传统回旋加速器由于滑相效应对能量的限制，又能提供平均流强较高的束流，从20世纪60年代起在世界上掀起了一个建造扇形回旋加速器的高潮，至今

方兴未艾。下面一章将要介绍的我国在1988年建成的兰州重离子加速器的主加速器，就是一台高性能的分离扇回旋加速器。

要克服滑相效应，除了采用特殊磁场的“等时性”条件，还有没有别的办法呢？聪明的读者一定会想到，既然“滑相”是由于粒子回旋的频率随着加速变化，而高频频率固定不变造成的，那就让高频频率随着粒子回旋频率“同步”地变化好了。科学家当时就想到了这个办法，但有一个问题：由于被加速的束流中有许多粒子，它们的能量各有偏差，到达加速间隙的位置也有先有后，只有中心粒子的运动能严格地与高频频率同步，其他粒子会不会偏离理想的轨道乱跑呢？这个担心不是没有道理，当年维德罗的电子感应加速器样机，就是因为没有考虑粒子在横向的聚焦，使偏离中心轨道的粒子越跑越远而失败的。这次又遇到了粒子在运动方向（也称为纵向）的聚焦问题，如果这个问题不解决，就有可能重蹈覆辙。

功夫不负有心人，1944年，苏联科学家弗拉迪米尔·维科斯列尔（V.Veksler）和美国科学家埃德文·麦克米伦（E.Mcmillan）分别发现了自动稳相原理。按照这个原理，在加速器中能量和位置存在偏差的粒子，会自动围绕在与高频电场保持同步的粒子附近振荡，而不会越离越远。由于自动稳相，加速器中的粒子束会被聚成一个个束团，其中的粒子只要偏离情况不超出允许的范围，就可以稳定地得到加速。1946年，美国伯克利实验室对0.93米（约37英寸）的回旋加速器进行了改建，使高频频率能与束流回旋频率同步，改成了一台稳相加速器，从而在实验上验证了自动稳相原理。自动稳相原理的发现，带来了一系列突破回旋加速器能量限制的新型加速器的问世。

知识链接

俄罗斯圣彼得堡核物理研究所的稳相加速器

世界上能量最高、规模最大的稳相加速器，可以把质子加速到1吉电子伏，该装置于1970年建成，它的磁铁极面直径为6米，总重量达10000吨，与法国巴黎埃菲尔铁塔重量相当。

稳相加速器又被称为调频回旋加速器或同步回旋加速器。在这种加速器里虽然高频频率与粒子的回旋频率同步，但磁场还是恒定不变的。在稳相加速器中，束流仍沿着螺旋形轨道回旋，要求磁极必须覆盖整个D形真空盒，磁铁的体积大致与磁场强度的三次方成正比。随着束流能量的进一步提高，所要求的磁场强度相应提高，需要十分庞大的磁铁，价格也很昂贵。因此，稳相加速器虽然克服了经典回旋加速器中的滑相效应，但还不能满足加速器向更高能量的发展的要求。由于高频频率的调变，使稳相加速器失去了回旋加速器能连续地引出束流的优点，束流的平均流强大大降低。由于这些原因，稳相加速器并没有得到实际的发展，很快被另一种新型的加速器——同步加速器所取代。

在同步加速器里，不仅高频频率与粒子的回旋频率“步调一致”，而且磁场的强度也随着粒子能量的增加而同步提高。这样，束流回旋的轨道形状不再像回旋加速器里的螺旋线，而是一条环形闭合曲线，磁铁也只需围绕环形的真空盒安放，从而大大减小了磁铁的体积和重量。同步加速器把束流的最高能量推进到1吉电子伏以上，使人工产生的束流能量达到在地球外层大气初级宇宙线的能量，用以开展高能物理的研究。粒子加速器从此进入了“高能”的领域。

“宇宙线级”同步加速器 Cosmotron
（布鲁克海文国家实验室供图）

美国布鲁克海文实验室（BNL）在1952年建成了世界上第一台束流能量达到初级宇宙线能量的高能加速器，被命名为Cosmotron。它可以把质子束加速到3.3吉电子伏。利用Cosmotron，科学家不仅人工产生了当时已知的宇宙线中的各种介子，还发现了一些新的介子，从实验上验证了与奇异粒子产生相关的理论。

从弱聚焦到强聚焦

带磁场梯度的偏转磁铁

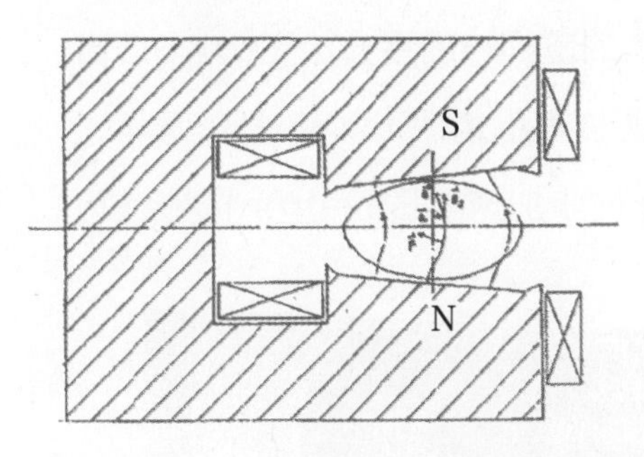

非理想粒子围绕着理想轨道做周期性振荡

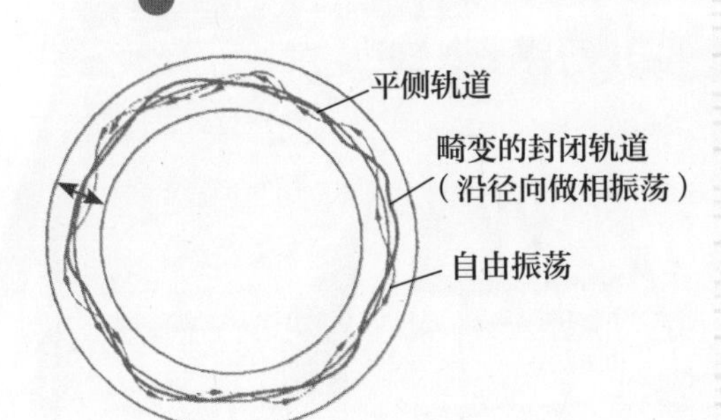

维德罗痛失建成世界上第一台电子感应加速器机会的故事，让我们知道在加速器中对束流聚焦的重要性。在加速器里，需要粒子在水平和垂直两个方向上都要聚焦。怎样才能做到这一点呢？

科学家发现，在加速器的偏转磁铁中加上适当的磁场梯度，可以解决这个问题。这里的“适当”很重要：偏转磁铁中的磁场沿半径方向逐渐降低，就能实现粒子在水平方向聚焦；这个磁场也不能降得太多，必须使磁场降低的梯度小于中心磁场与偏转半径的比值，在这个条件下，粒子在垂直方向也能同时得到聚焦。这样，束流中位置和角度与中心粒子稍有偏差的非理想粒子，

就能围绕着理想轨道做周期性振荡。维德罗感应加速器样机的失败，就是因为没有在主导磁场中加上梯度分量，使横向运动不稳定的缘故。所以，在加速器物理中，就把粒子的这种横向运动称为感应加速器振荡。经典的回旋加速器和上面讲的同步加速器Cosmotron都采用这样的聚焦方式。

虽然这种兼顾水平和垂直方向的聚焦方式很简单，但在两个方向上的聚焦力都太微弱了，结果造成束流的截面和真空盒的尺寸很大。采用这种聚焦方式的同步加速器，虽然能够达到比回旋加速器更高的能量，但随着束流能量的进一步提高，需要磁铁的体积和重量越来越大，这是因为磁铁的大小与安放真空盒的磁间隙的平方成正比。3.3吉电子伏同步加速器Cosmotron的磁铁总重量达2000吨，1955年，美国伯克利实验室建成的6.2吉电子伏同步加速器Bevatron的磁铁总重量达13000吨。

1955年，伯克利实验室建成6.2吉电子伏弱聚焦质子同步加速器
（图片来源：https://photos.lbl.gov/）

左侧为发现自动稳相原理的埃德文·麦克米伦，右侧为核物理学家爱德华·洛夫根

俄罗斯杜布纳联合原子核研究所历时10年，在1957年建成能量为10吉电子伏的弱聚焦质子同步加速器，其偏转半径为28米，真空室的截面尺寸为1.5米×0.4米，磁铁总重量竟达3.6万吨，迄今保持着最重磁铁加速器的世界纪录。

很显然，如果没有新的聚焦原理，粒子加速器向更高能量攀登的脚步将会再一次停滞下来。

1952年，美国布鲁克海文实验室（简称BNL）的加速器物理学家欧内斯特·库朗特（Ernst Courant）、斯坦利·利文斯顿（Stanley Livingston）和哈特兰·施奈德（Hartland Snyder）提出了交变梯度聚焦原理。根据这个原理，将高磁场梯度的聚焦磁铁和散焦磁铁周期性地交替的放置，就能使粒子在水平和垂直两个方向上都得到较强的聚焦作用。这种情况就像在光学里由聚焦透镜和散焦透镜构成的多透镜系统那样，通过优化参量就能获得优异的聚焦性能。所不同

相同磁场梯度的弱聚焦磁铁（典型的磁铁间隙为20厘米，外形尺寸为2米）与强聚焦磁铁（典型的磁铁间隙为4厘米，外形尺寸为0.6米）比较图

从左至右分别为库朗特、利文斯顿和施奈德。利文斯顿手中拿着纸片，用它比较采用交变梯度聚焦原理的强聚焦磁铁与Cosmotron弱聚焦磁铁尺寸大小（布鲁克海文国家实验室供图）

的是在强聚焦情况下，一块磁铁在水平方向起聚焦作用，在垂直方向就起散焦作用。在设计聚焦结构时，需要兼顾两个方向，在水平和垂直两个方向都能获得好的聚焦性能。交变梯度聚焦可以比弱聚焦提供强得多的聚焦作用，因此也称为强聚焦。采用强聚焦原理设计同步加速器，可以使真空盒的截面大大缩小，从而大大降低磁铁的体积、重量和造价，为加速器向更高能量发展开辟了道路。

从20世纪50年代开始，几乎所有的加速器都采用了强聚焦原理，首先是在电子同步加速器上，接着是质子同步加速器、直线加速器和束流传输线等。

1954年，美国康奈尔大学建成世界上第一台强聚焦电子同步加速器，把电子加速到1.5吉电子伏。接着，1958年德国波恩建成了一台500兆电子伏的强聚焦电子同步加速器。20世纪60年代初，日本东京大学建成了一台1.3吉电子伏的强聚焦电子同步加速器，德国汉堡的DESY实验室和美国哈佛大学-麻省理工学院分别建成了能量达6吉电子伏的强聚焦电子同步加速器。

20世纪50年代初，刚刚从第二次世界大战中复苏的欧洲，在联合国教科文组织的支持下联合起来，建立了欧洲核子研究中心，简称CERN。当CERN还在筹建的时候，就在考虑要建造什么样的加速器。最初，他们准备建造一台束流能量为10~15吉电子伏的质子同步加速器。1952年8月，他们派了一个三人代表团到BNL访问，希望借鉴刚刚在那里建成的Cosmotron同步加速器，以便完成CERN质子同步加速器的设计。就在那次访问中，他们惊喜地得知了强聚焦原理，并同实验室的专家讨论了改进10~15吉电子伏同步加速器设计的可行性。

代表团返回欧洲后，详细报告了访问BNL的情况。这时，CERN

面临着一个十分困难的抉择，究竟走已经证明可行的弱聚焦路线，还是选择一条不知是否可行的强聚焦新路。经过一年多仔细研究和反复讨论，他们决定走创新之路，因为优势太明显了：如果采用强聚焦原理，用建造10吉电子伏弱聚焦同步加速器的经费，就足以建造一台能量为30吉电子伏的强聚焦同步加速器。1953年年底，CERN委员会批准了这台强聚焦同步加速器的计划，并取名为CERN质子同步加速器，其英文缩写为CPS。

1954年10月，CPS在瑞士日内瓦附近的CERN的园区正式破土动工。经过5年的努力，CPS于1959年11月建成出束，质子束的能量达到24吉电子伏，成为世界上第一台强聚焦同步加速器，也是CERN成立之初的高能物理实验旗舰装置。60多年来，CPS一直是CERN加速器复合体中的重要环节，可以加速质子、重离子和正负电子。CERN的成功，在很大程度上得益于当初建造强聚焦同步加速器的决定。就这样，强聚焦原理成就了CERN的辉煌。

在CERN建造CPS的时候，提出强聚焦原理的美国BNL实验室也在加紧建造一台交变梯度质子同步加速器AGS，双方进行着友好而激烈的竞争。1960年7月，AGS将质子束加速到33吉电子伏的高能量，虽然比CPS晚了8个月，但打破了CPS当时保持的质子束能量世界纪录。AGS采用强聚焦原理，磁铁的总重量约4000吨。如果采用Cosmotron那样的弱聚焦技术，要把束流加速到AGS这样的能量数值，整个加速器磁铁将重达20万吨。

AGS也是一台功勋加速器，科学家在AGS上取得了许多重大成果，包括缪子中微子的发现、电荷-宇称对称性破坏的发现和J粒子的发现三项诺贝尔奖成果。半个多世纪过去，AGS仍在继续运行，为

BNL的相对论性重离子对撞机RHIC提供高性能的重离子束流。

CPS和AGS两台质子同步加速器的成功，从实验上进一步验证了强聚焦原理，同时也展示出这项里程碑式的成就，对于粒子加速器及相关领域发展的重要意义。科学家在建造世界上第一台质子强聚焦同步加速器中的合作与竞争，也成为科学技术史上的一段佳话。

BNL的交变梯度质子同步加速器AGS
（布鲁克海文国家实验室供图）

240块强聚焦磁铁按聚焦和散焦交替安放在周长为556米的轨道附近对束流进行偏转和聚焦，磁铁的总重量约4000吨，把质子束加速到33吉电子伏。

从打静止靶到对头碰撞

20世纪60年代之前，科学家使用加速器进行高能物理实验都是用粒子束流轰击处于静止的靶（通常是金属靶），在束流打靶的后方安装各种探测器，测量束流打靶产生的次级粒子的质量、动量、径迹和电荷等参量，开展核物理和高能物理等领域的研究。

用高能粒子束轰击静止靶，打靶之后的粒子仍具有很大的动能，束流的大部分能量都浪费在打靶后粒子及其产物的动能上，只有很小一部分用于打开粒子，进行粒子反应的实际有效能量则很小。打个比方，一辆火车追尾撞向停在前面的另一辆火车，往往是把车子推向前走，造成火车的损坏程度比起两辆火车迎面相撞来说要小得多。

当然，这不过是一个比喻。在高能粒子打静止靶的情况下，有效作用能量（即质心能量）等于2倍打靶束流的能量与靶粒子静止能量乘积的开方。因此，在相对论情况下，也就是束流运动速度接近光速、动能大大高于其静止能量时，有效作用能量就远远小于打靶粒子的能量。用这个关系做简单的计算就能得到：相对论能量（即粒子的总能量与静止能量的比值，用 γ 表示）为200的粒子打静止靶，有效作用能与打靶粒子能量的比值是1/10，也就是说90%的束流能量都浪费掉了。

对头碰撞和打静止靶示意图

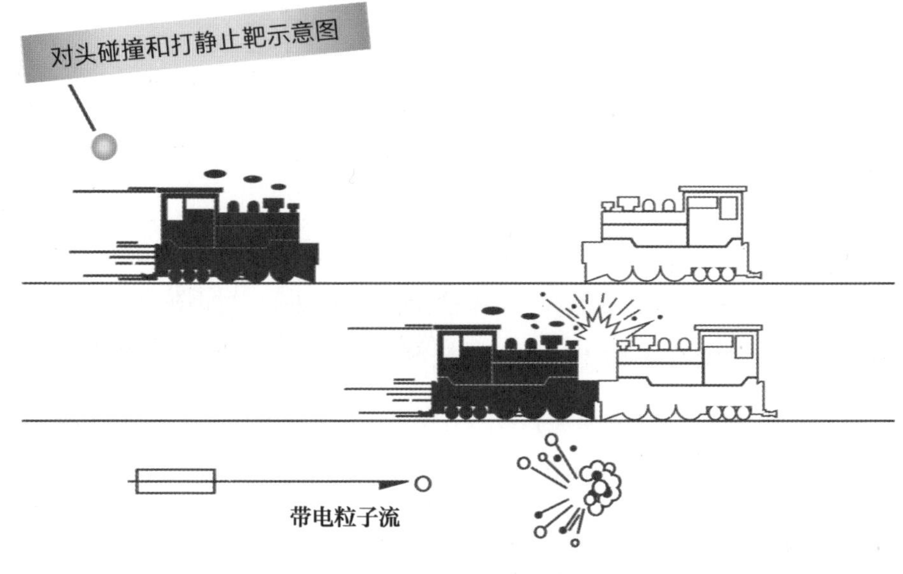

相当于加速器打静止靶的碰撞

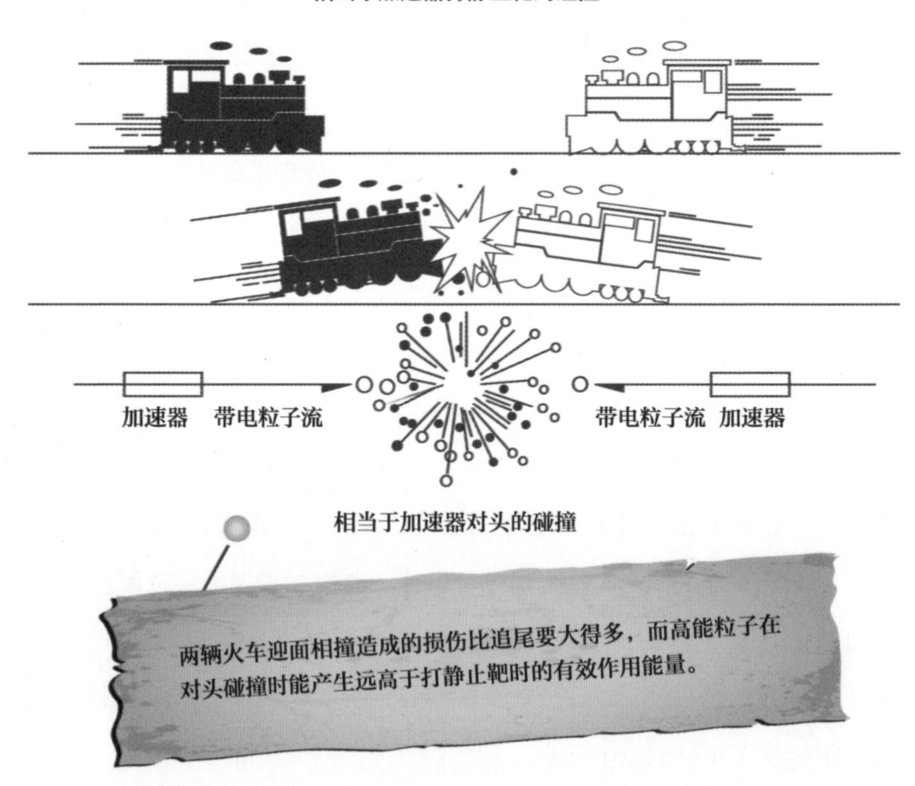

相当于加速器对头的碰撞

两辆火车迎面相撞造成的损伤比追尾要大得多，而高能粒子在对头碰撞时能产生远高于打静止靶时的有效作用能量。

1954年，意大利物理学家恩里科·费米（Enrico Fermi）提出了建造一台质心能量为3万亿电子伏质子同步加速器的设想。他预言在这样的能量下，会有重大科学发现。2012年在发现的“上帝粒子”实验中，束流的质心能量是7万亿电子伏，同费米的预言接近。可是，要得到这样高的质心能量，需要多大的打静止靶加速器呢？按照质子的静止能量0.938吉电子伏进行计算，可得到打靶束流的能量约为5000万亿电子伏。采用当时能达到的2特的高磁场，可计算出这台同步加速器的偏转半径约为8000千米，比地球的半径还要大！当时，有人估算这台加速器的造价约为1700亿美元，需要用40年建成。显然，这只能是一个梦想。

对撞机能够使费米之梦成真。在对撞机里，两束以接近光速的速度相向运动的束流在对撞点对头碰撞，有效作用能量就等于两倍的束流能量。这样，只要把每一束质子加速到1.5万亿电子伏，质心能量就可达到3万亿电子伏。在CERN建造的周长为27千米的大型强子对撞机LHC上，已经实现了两束能量6.5万亿电子伏质子的对撞，质心能量达到了13万亿电子伏。

对撞机的梦想成真，经历了漫长的过程。早在1943年，维德罗就提出了让高速粒子对撞的设想，并申请了一项“对撞储存环”的创意专利。当时同步加速器还没有出现，束流能量还没有超过质子的静止能量，当时的科学需求和技术成熟程度有限，因而维德罗这个“超前”的想法没有得到重视。

20世纪60年代，质子同步加速器把束流的能量推进到30吉电子伏，是质子能量的32倍，高能物理对于质心系能量的追求也更加迫切。1960年，意大利科学家布鲁诺·托歇克（Bruno Touschek）提出了正负电子对撞机的方案。正负电子的质量相同，而携带的电荷相反，电子与正电子就可以在同一个环状真空管中相向回旋，积累、储存和加速，并在专门设计的位置（即对撞点）对撞。在对撞点附近安装探测器，测量对撞产生的次级粒子，开展高能物理研究。1961年，世界上第一台正负电子对撞机AdA在意大利建成。这台直径只有1米的对撞机，就可将正负电子加速到250兆电子伏并进行对撞，质心能量达到500兆电子伏，成功地验证了对撞机的工作原理。次年，苏联和美国也分别建成了正负电子对撞机VEP-1（2×130兆电子伏）和CBX（2×500兆电子伏）。在这以后，随着高能物理的需求，对撞机如雨后春笋般地出现在世界各大高能物理实验室。

对撞机在高能物理领域崭露头角，现已成为一种占主导地位的高能加速器。20世纪70年代，J/ψ粒子、τ轻子和Υ粒子等都是同时或相继在打静止靶加速器和对撞机上获得的，而中间玻色子$W^{\pm}$、Z^{0}和能量更高的底夸克，还有被称为“上帝粒子”的希格斯粒子，都是在对撞机上找到并加以研究的。

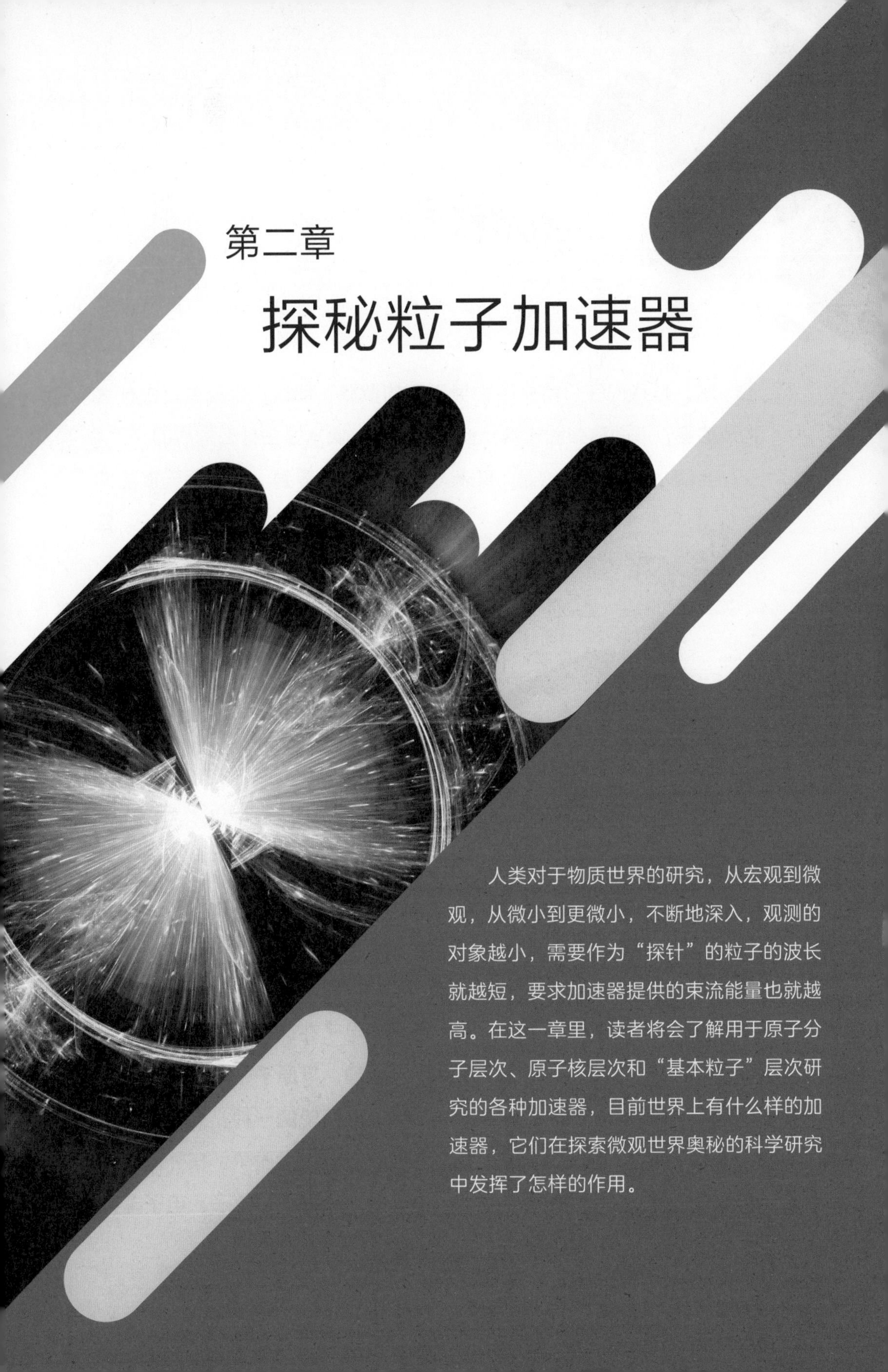

第二章

探秘粒子加速器

人类对于物质世界的研究，从宏观到微观，从微小到更微小，不断地深入，观测的对象越小，需要作为“探针”的粒子的波长就越短，要求加速器提供的束流能量也就越高。在这一章里，读者将会了解用于原子分子层次、原子核层次和“基本粒子”层次研究的各种加速器，目前世界上有什么样的加速器，它们在探索微观世界奥秘的科学研究中发挥了怎样的作用。

从一滴水谈起

水，是我们在日常生活中离不开的资源。那么，水究竟是由什么构成的呢？下面这张图告诉我们，小小的一滴水是由什么构成的。

一滴水的直径大约是1毫米，用肉眼就能看到。我们每天接触的所有物质都是由许许多多、各种各样的分子组成的。水分子又是由两个氢原子（H）和一个氧原子（O）组成的。水分子非常小，只有大约$3×10^{-7}$毫米，是我们的眼睛看不见的。组成分子的原子就更小了。就拿氢原子来说，它的直径大约是$1×10^{-7}$毫米。虽然原子很小，但它内部的结构却像一个太阳系，中心是带正电荷的原子核，周围有带负电荷的电子在环绕原子核的轨道上运动。氢原子是所有原子中结构最简单的一种，处在中心的原子核就是质子，在外面的轨道上只有一个电子。电子非常

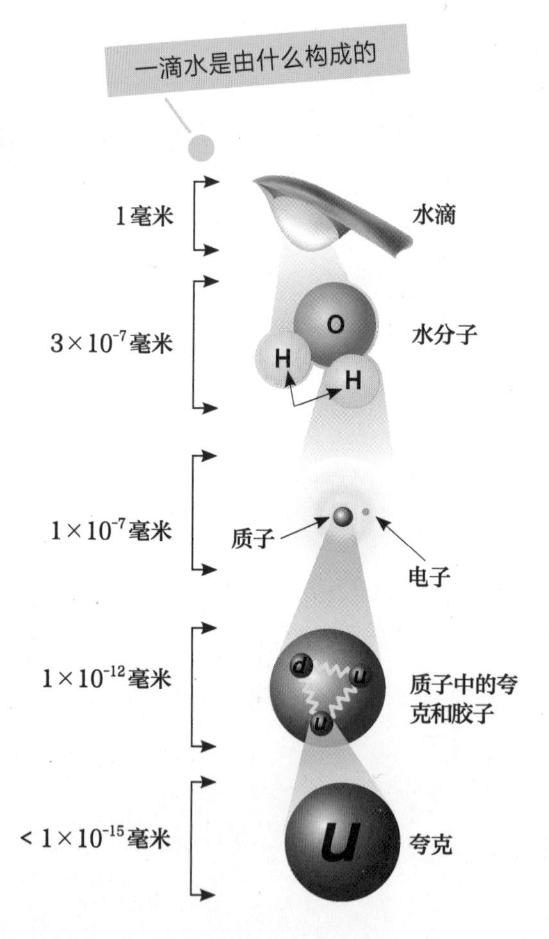

小，它的尺寸小于1×10^{-15}毫米。质子的大小大约是1×10^{-12}毫米，它由三个夸克组成：两个上夸克（u）和一个下夸克（d）。夸克的尺寸小于1×10^{-15}毫米。

我们常说从一滴水可以看到大海，但是一滴水中却不能包含科学家发现的所有粒子。

20世纪以来，人类对于物质结构的认识，从分子与原子层次、原子核层次，质子与中子（总称核子）层次，逐步深入到强子内部，达到夸克和轻子的层次。人们了解到自然界的四种相互作用都是通过相应的媒介子传递的：光子传递电磁相互作用，中间玻色子$W^{\pm}$和Z^0传递弱相互作用，胶子传递强作用，而引力子传递引力作用。每一种粒子都有它们的反粒子。人们所熟悉的构成原子核的质子和中子，就是由上夸克和下夸克所组合而成的，称为第一代夸克，对应的第一代轻子是电子和电子中微子。后来又发现了第二代的奇夸克和粲夸克，对应的第二代轻子为缪子和缪中微子。属于第三代的是底夸克和顶夸克，对应轻子为陶子和陶中微子。

2012年科学家又发现了“上帝粒子”——希格斯粒子。尽管如此，在粒子物理和宇宙学中，还有暗物质和暗能量这两朵乌云，还有许多物质之谜需要去不断探索。

研究微观世界的方法与工具

微观粒子这么小，用什么样的显微镜能观测到它们呢？物理上有一个有趣的定律，就是观测对象的尺度越小，需要“探针”的能量就越高，两者成反比关系。如果所观测的物体尺寸是1微米（1微米＝10^{-6}米），那么需要的“探针”的能量就是1.2电子伏。用这个反比例关系，我们就可以计算观测不同尺度物体需要的“探针”的能量了。

研究微观世界的工具

观测对象	物体尺度(毫米)	“探针”的能量	实验工具
细胞/细菌	10^{-4}~10^{-2}	0.1~10电子伏	光学显微镜
分子	10^{-6}	1000电子伏	电子显微镜、同步辐射等
原子	10^{-7}	10000电子伏	同步辐射、散裂中子等
原子核	10^{-11}	>100兆电子伏	低中能加速器、宇宙线等
质子、中子	10^{-12}	>1吉电子伏	高能加速器、宇宙线等
夸克、轻子	$<10^{-15}$	>1万亿电子伏	对撞机、宇宙线等

电子伏是加速器中常用的粒子能量单位，1电子伏=1.6×10^{-19}焦。我们知道1焦的能量等于使物体在1牛的力的作用下在力的方向上前进1米所转移或转化的能量，也等于功率为1瓦的灯泡发光1秒所消耗的能量。由此可见，电子伏是一个非常小的能量单位。但是，要使非常小的“探针”粒子获得兆电子伏（10^6电子伏）、吉电子伏（10^9电子伏），甚至万亿电子伏（10^{12}电子伏）量级的能量，必须花费很大的力气，需要建造庞大的加速器。

从表格中可以看出，光学显微镜可以用来“看”细菌和细胞这样的小东西，电子显微镜可以用来观测分子中原子的排布结构，而同步辐射光源和散裂中子源则是分子和原子层次物质结构研究的强大工具。研究原子核，需要用低能加速器，研究像质子和中子这样的强子，需要高能加速器，研究夸克和轻子，就必须用对撞机了。

下面，让我们从观测细胞和细菌的光学显微镜开始，一步一步向更深、更小的层次进发，讨论更大、更强的“超级显微镜”——粒子加速器。

显微镜

显微镜是人类历史上重要的发明之一，它改变了人类用肉眼观察微小物体的历史。最早的显微镜是16世纪末期在荷兰制造出来的，发明者是荷兰的一位眼镜商。他用两片透镜制作了简易的显微镜，但没有用这些仪器进行过科学观察。1663年，英国科学家罗伯特・胡克（Robert Hooke）制作了一台复合式显微镜，用它来观察从树皮上切下的一块软木薄片。胡克发现薄片中有

英国科学家罗伯特・胡克制作的复合式显微镜

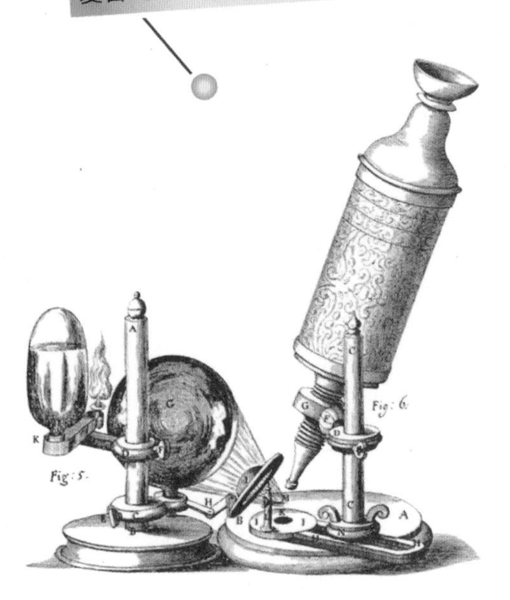

这种显微镜把一根内装透镜的简易皮管安放在可调整的架子上，用灌满水的玻璃球把光聚焦到被观察的物体上，就能观察到细胞等微小物体了。

许多像“小房间”的细微结构，他命名为“细胞”，还出版了一本著作——《显微制图》（*Micrographia*）。1673年，荷兰科学家安东尼·列文虎克（Antony Leeuwenhoek）用自己制造的显微镜观察到了被他称为“小动物”的微生物世界，发现了杆菌、球菌和原生动物，还第一次描绘了细菌的运动。

在显微镜发明以前，人类主要靠肉眼观察周围世界，还没有办法观察细胞，甚至还不知道细胞的存在。当时对于生物的研究只停留在动物和植物的形态、内部结构或生活方式等方面。显微镜把一个全新的世界展现在人类的视野里。人们第一次看到了许多“新”的微小动物和植物，以及从人体组织到植物纤维等各种致密物体的内部构造。显微镜的发明大大扩展了人类的视野，也把生物学带进了细胞的时代。

在20世纪30年代，科学家又发明了电子显微镜。电子显微镜利用电子与物质进行散射和衍射等相互作用所产生的信号来测定微区域晶体结构、精细组织、化学成分、化学键和电子分布情况等。与光学显微镜相比，电子显微镜用能量更高的电子束代替可见光，用电磁透镜取代光学透镜，并使用荧光屏等装置显示肉眼不可见的电子束图像，因而具有更高的放大率和分辨率。光学显微镜的最大放大倍率约为3000倍，最高分辨率为0.1微米，而现代电子显微镜最大放大倍率超过300万倍，分辨率达0.1纳米（1纳米=10^{-9}米），能直接观察到某些重金属晶体中排列的原子点阵和生物细胞中的分子。近年来，科学家又利用兆电子伏能量的电子束，开展在原子尺度下高时间分辨成像的研究。

与光学显微镜用可见光作为“探针”不同，电子显微镜用电子束作为“探针”对样品进行观测。在电子显微镜中，加在电子枪上的电压通常为10万伏量级，电子的能量约为10万电子伏，其波长小于0.1纳米，即与原子的尺度相当。从结构上看，电子显微镜也可以说是一种紧凑型的低能电子加速器。

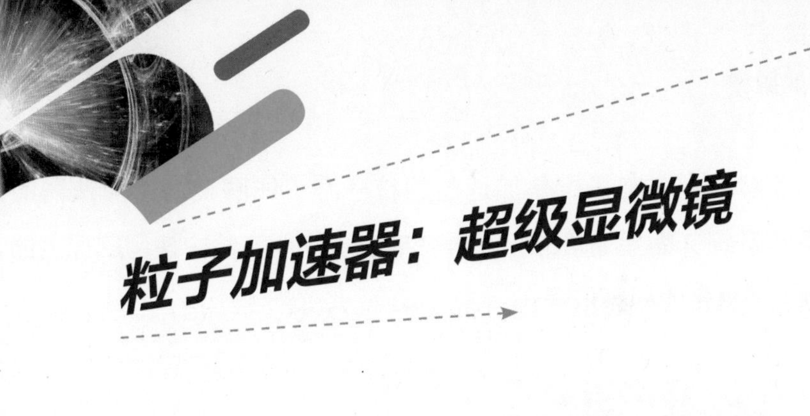

粒子加速器：超级显微镜

在20世纪30年代，科学家发明的粒子加速器，不仅可研究分子和原子层次，还可以研究原子核的结构、组成原子核的质子和中子结构，夸克、轻子和传递相互作用的媒介粒子等“基本粒子”。这些粒子加速器的规模往往十分巨大，用于探索物质深层次的微观结构，因此被称为“超级显微镜”。

粒子加速器这种“超级显微镜”究竟是怎样工作的呢？加速器经历了从高压倍加器、静电加速器、回旋加速器、感应加速器、稳相加速器、同步加速器直到对撞机的发展历史。这些不同类型加速器的工作原理虽然各不相同，但最基本的一点是相同的，就是利用电磁场使带电粒子束朝着某一个方向运动的速度越来越快、能量越来越高。各种类型加速器的主要差别在于它们采用的电磁场的形态，以及加速粒子的方式。

粒子加速器并不神秘，显像管电视机就可以说是一台迷你版的粒子加速器。打开电视机的后盖，我们就可以看到显像管头部的电子枪，里面有一组金属钨做的灯丝作为阴极，灯丝通电加热到高温后，就能发射电子。在电子枪的阳极和阴极之间加上1万伏左右的高电压，把电子加速到约1万电子伏的能量，投射到荧光屏上。在显像管里，还安装了两组线圈，电子束在线圈产生的水平和垂直方向的磁场作用下，逐行快速扫描到荧光屏上，形成一幅幅图像。在这台“粒

子加速器”里，电子枪是加速器的粒子源，线圈相当于加速器的束流导向系统，而显像管的荧光屏就相当于物理实验中使用的探测器，探测电子携带的视频信号。

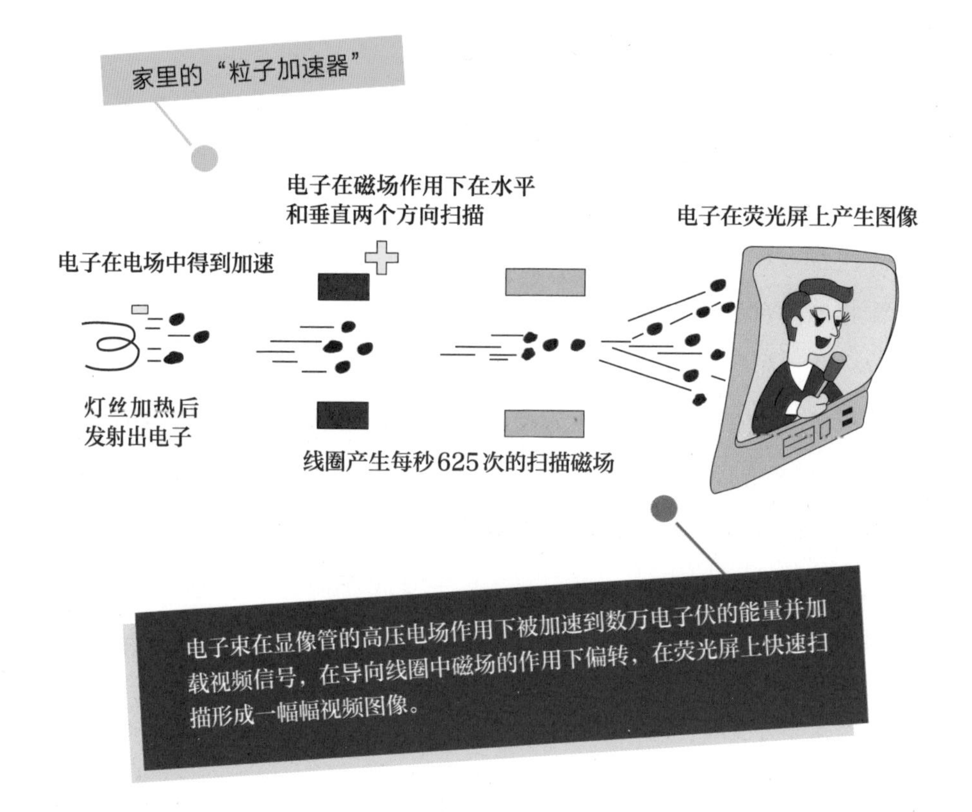

当然，实际的粒子加速器要复杂得多，规模也更为浩大。粒子加速器自诞生以来，不断向提高能量、高流强和高束流品质的方向发展，并形成多种类型的加速器。按加速电场的类型分，有高压加速器、静电加速器、感应加速器、高频加速器、激光加速器、等离子体加速器和束流尾场加速器等；按被加速粒子的种类分，有电子加速器、质子加速器和重离子加速器等；按束流轨道的形状分，有直线加速器、圆形加速器（包括回旋加速器、同步回旋加速器等）和环形加速器（同步加速器）等；按束流能量分，有低能加速器、中能加速器、高能加速器和超高能加速器；按粒子束的流强分，有强流加速器、弱流加速器和极弱流加速器；按关键部件材料的导电性分，有常温加速器和超导加速器等；按束流与靶粒子相互作用的方式分，有静止靶加速器和对撞机等；按加速器的用途分，有科研用加速器、医用加速器、辐照加速器和无损检测加速器等。从上述诸多分类中，可组合出多种特定的加速器，如超导高频质子直线加速器、强流离子回旋加速器和环形正负电子对撞机等。

在高能加速器中，粒子能量远高于它们的静止能量，束流以接近光的速度在真空管道里运动。大家知道，在自然界里，没有一样物体运动的速度能超过光速。目前世界上能量最高的大型强子对撞机LHC，可以把质子从注入时的0.45万亿电子伏加速到对撞时的7万亿电子伏，能量增加了14.6倍，而速度只是从光速的0.999997826倍增加到0.999999991倍。由此看来，高能加速器与其说是“加速”器，还不如称为“增能”器。

用于原子和分子层次研究的加速器

物质是由分子组成的，分子是能够单独存在并保持物质物理化学性质的最小微粒。分子由原子构成，研究分子中原子的组成和运动状态，揭示分子结构，对于深入了解物质的性质及其相互转化的规律十分重要，涉及物理、化学、地球科学、天文学、材料科学、生命科学、信息科学和能源与环境等诸多领域。分子和原子的尺寸非常小，在 10^{-7} ~ 10^{-6}毫米的数量级。要给这么微小的粒子拍照，不但要拍出它们的模样（高分辨率），还要足够清晰（高准确度），光学显微镜和一般的电子显微镜就做不到了，需要性能更好的“显微镜”。科学家发明了同步辐射、自由电子激光和散裂中子源装置，利用高通量的高能光子和低能中子这样波长合适的电磁波，给分子拍出精确、清晰的“照片”，在原子和分子的层次对物质结构进行深入的研究。

下页是一张电磁波的波谱图，按频率从低到高依次绘出了无线电波、微波到红外线、可见光、紫外线、软X射线、硬X射线，一直到伽马射线的波长与频率的分布。用电磁波作为“探针”来观测微观物质的结构，它的波长应与被测物质的大小相当。从图中标出的典型物体尺寸与电磁波长的比较表明，波长为1 ~ 0.01纳米（对应光子能量为1240 ~ 12.4万电子伏）的同步辐射和自由电子激光是开展原子和分子层次物质结构研究的有效手段。

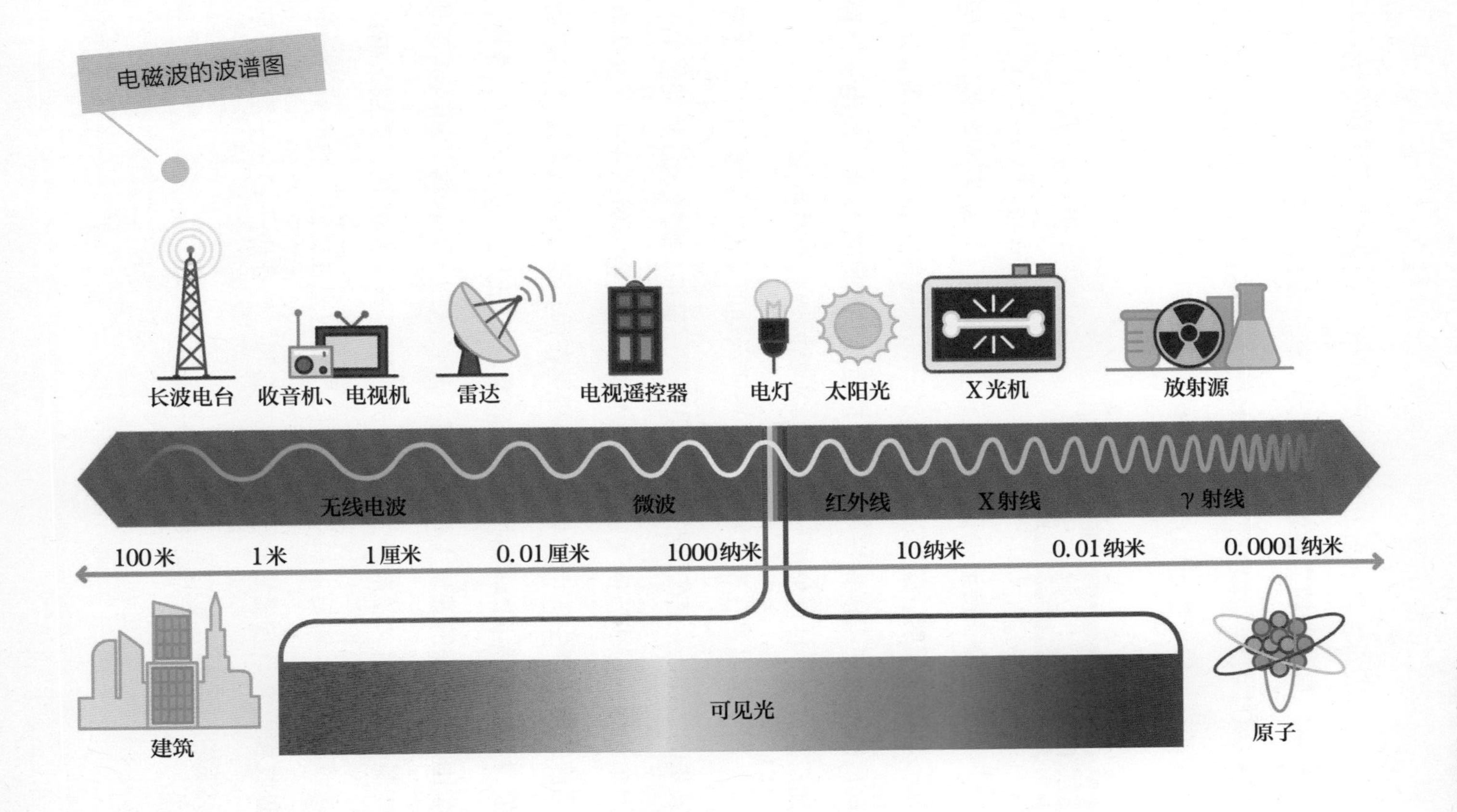

电磁波的波谱图
长波电台
收音机、电视机
雷达
电视遥控器
电灯
太阳光
X 光机
放射源
无线电波
微波
红外线
X 射线
γ 射线
100米
1米
1厘米
0.01厘米
1000纳米
10纳米
0.01纳米
0.0001纳米
建筑
可见光
原子

中子也是一种研究物质的微观结构的“探针”。中子作为一种微观粒子，具有波粒二象性，能量为1毫～100毫电子伏的中子波长为1～0.01纳米，适合开展原子和分子层次的研究，特别是在它们的磁结构和动力学特性研究方面，具有不可代替的作用。

同步辐射光源

当带电粒子接近光速在电磁场中偏转时，沿轨道的切线方向会发出一种电磁辐射，这就是同步辐射。同步辐射具有宽阔的连续光谱、高度的准直性和偏振性等特点，加上高功率和高亮度，使电子储存环加速器成为一种性能优异的新型强光源而得到广泛应用。

同步辐射是在带电粒子接近光速运动时（即相对论性）才显著地发生的。当电子束在环形加速器里高速回旋时，就像快速转动雨伞时，沿伞边缘的切线方向飞出一簇簇水珠那样，会辐射出光子。这种高速回旋的电子产生的电磁辐射，最初是在同步加速器上发现并加以研究的，故被命名为同步辐射。电子的能量越高，产生的同步辐射的能量（从伞里飞出水珠的速度）也就越高（波长越短）。这样，利用不同电子能量的加速器，就能产生从红外光、可见光、紫外光，直到X射线宽阔波段的同步辐射，科学家利用同步辐射光在样品上的衍射、散射、吸收和荧光等方式给分子和原子“拍照”，在原子和分子层次开展物质结构的深入研究。

从“寄生”在用于高能物理实验的正负电子对撞机上的第一代光源，到同步辐射专用的第二代光源，又发展到以插入元件为主的第三代光源，科学家正在研究亮度更高的第四代同步辐射光源。据统计，世界上有50多台同步辐射光源在运行。我国的同步辐射装置自20世纪80年代

起步以来，取得了长足的进展，先后建设了“寄生”在北京正负电子对撞机上的北京同步辐射装置、第二代的合肥光源和第三代的上海光源，并正在建设一台束流能量更高、性能更好的高能光源。

上海光源鸟瞰

同步辐射实验大厅

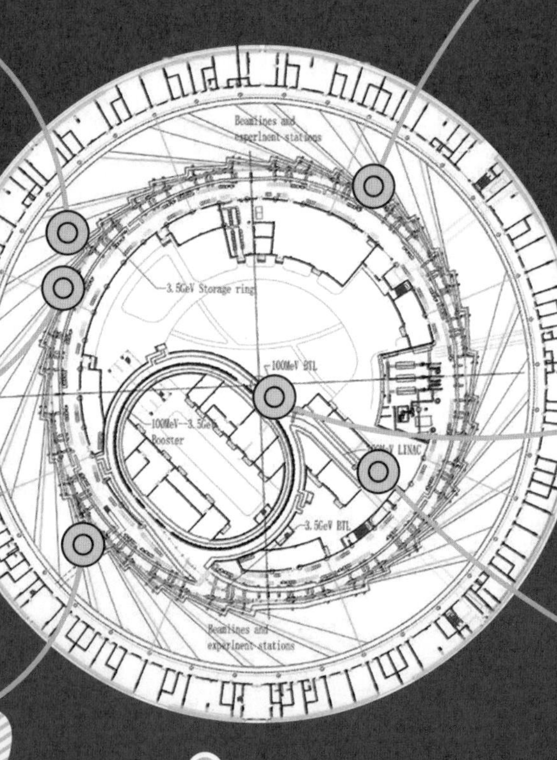

生物大分子晶体实验站

同步辐射光束线

上海光源布局图

3.5吉电子伏电子储存环

从上海浦东机场乘坐磁悬浮列车，途经张江高科技园区，透过车窗就能看到一座银色螺旋形屋顶的建筑，上海光源就坐落在这里。上海光源于2010年建成，是世界上最先进的第三代同步辐射光源之一。在上海光源中，直线加速器产生的能量为150兆电子伏的电子束在增强器中加速到3.5吉电子伏，注入周长为432米的电子储存环进行积累和储存，分布在储存环外侧的光束线将同步辐射光传输到实验站，提供用户开展生命科学、材料科学、凝聚态物理、化学、能源与环境科学和生物医学等领域的研究。

3.5吉电子伏增强器

150兆电子伏直线加速器

为了满足我国科技前沿研究、国家重大战略目标和自主创新研究广泛且迫切的需求，科学家又提出了在“十三五”时期建设高能光源（HEPS）的计划，于2019年6月开工建设。HEPS将是一台高能量、高亮度的同步辐射光源，储存环的周长约1360米，电子束的能量为6吉电子伏，电子束流强200 ~ 300毫安，发射度优于0.1 纳米·弧度，能产生能量高达30万电子伏的高性能硬X射线同步辐射光。HEPS建成后，将成为世界上亮度最高的同步辐射光源，为国家安全、基础科学研究、工业核心技术创新提供先进的实验平台，极大地提升在精密机械、光学、探测器等系列技术领域的设计和制造能力。HEPS还可在以后扩展为能量回收型直线加速器光源和自由电子激光装置。

HEPS设计效果图

HEPS加速器布局示意图

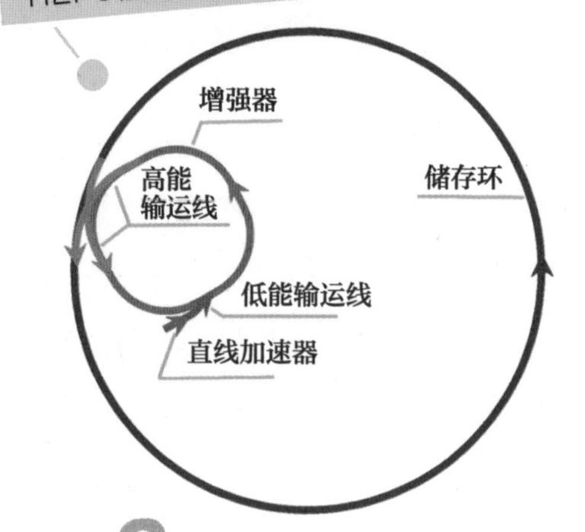

直线加速器产生的能量为250兆电子伏的电子束，在增强器中被加速到6吉电子伏，注入周长约1360米的储存环中，实现恒流强运行，高效地为用户提供高能同步辐射光，开展实验研究。HEPS是建设中的北京怀柔综合性科学中心的核心设施，其设计指标是世界上现有同步辐射装置中最为先进的。

高能同步辐射光源首台科研设备安装

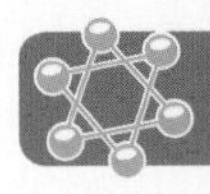 自由电子激光装置

激光是一种高亮度、方向性强和单色性好的相干光。激光的全称是受激辐射光放大，它利用工作物质原子中的粒子数反转和能级跃迁产生相干辐射，是一种基于束缚在原子核以外电子的光辐射。

与束缚电子激光不同，自由电子激光的工作物质是在空间“自由”运动的电子。它利用加速器产生的相对论性电子束通过波荡器的周期性磁场，并与光辐射场相互作用，将电子的动能传递给光辐射而产生激光，因而具有高功率、高效率和宽频率调谐范围等优点，可以弥补束缚电子激光的波长受工作物质原子结构的限制，特别在硬X射线波段具有优势，在诸多前沿科学领域具有十分重要的应用前景。与同步辐射采用电子储存环不同，自由电子激光通常采用直线加速器，利用光阴极电子枪产生的飞秒（1飞秒=10^{-15}秒）级超短激光脉冲，就能够以极其高速的“快门”给分子连续拍照，为化学反应和生命活动等复杂过程“拍电影”。

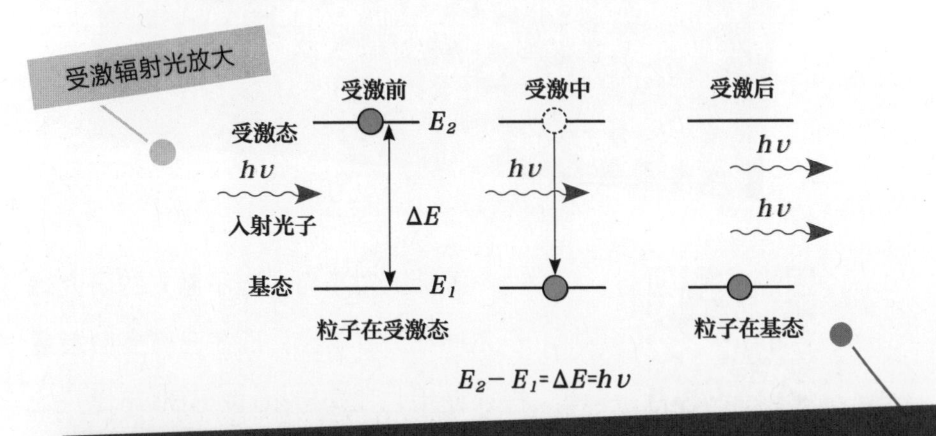

在工作物质原子中的电子分布在不同的能级上，先要从技术上实现粒子数反转，即使处在高能级E_2的粒子数多于处在低能级E_1的粒子数。当高能级E_2上的粒子受到入射光子的激发跳到低能级E_1上，同时辐射出与激发它的特征完全相同的光子$h\upsilon=E_2-E_1$，这两个光子再激励E_2能级上原子，又使其产生受激辐射，如此继续进行，产生的光子级联倍增，从而实现受激辐射放大，产生激光。

那么，自由电子激光器究竟是怎样工作的呢？直线加速器产生的短脉冲高能电子束，进入一台以适当方式排列、磁场方向交替改变的特殊磁铁——波荡器中。电子束在波荡器里沿波浪形的轨道运动，辐射出电磁波并与其相互作用，从而产生波长单一而相干的激光，这就是自由电子激光。

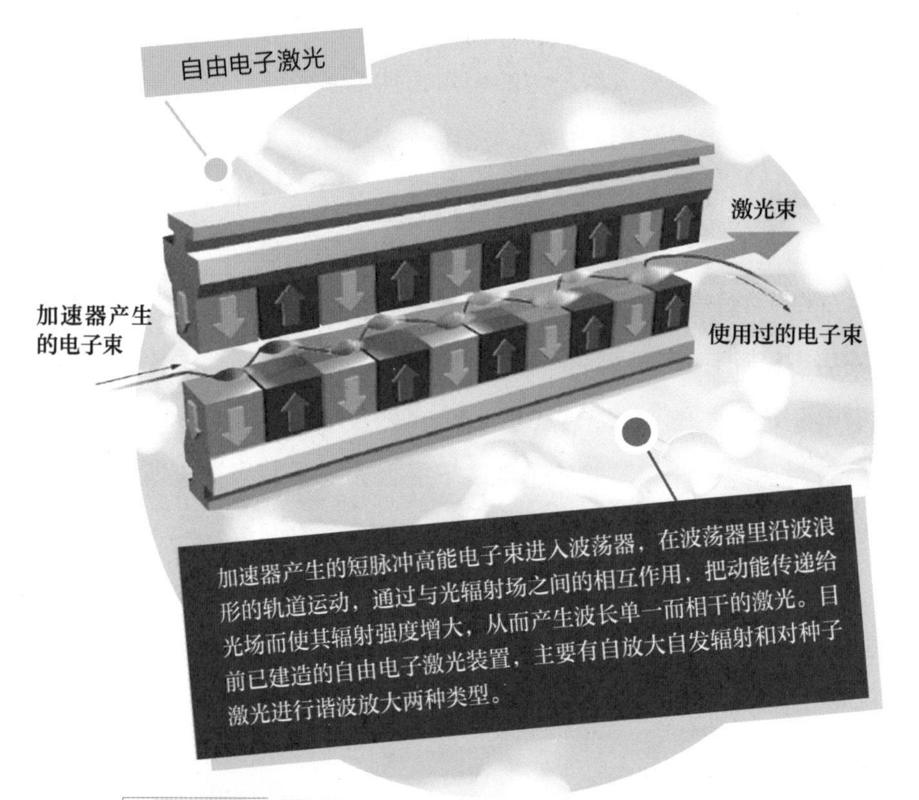

1993年5月26日，北京自由电子激光装置成功地产生红外受激辐射

国际上对于自由电子激光的研究始于20世纪70年代，现在已有多台装置投入使用。我国自20世纪80年代开始进行自由电子激光的研究，在90年代初建成了北京自由电子激光装置，成为

亚洲第一台实现自激辐射和饱和振荡的设施。2009年以来，上海深紫外自由电子激光装置、大连相干光源和上海软X射线自由电子激光装置相继建成。硬X射线自由电子激光装置已被列入国家“十三五”规划，于2018年年初在上海张江实验室开工建设，计划在2025年建成。我国自由电子激光装置的建设，将为生命科学、材料科学等诸多学科的前沿研究创造条件。

深紫外自由电子激光装置

这是一台多功能的自由电子激光原理验证装置，电子束的能量为100兆～150兆电子伏，种子激光的波长为1047纳米。自2009年以来，在这台装置上先后开展了自放大自发辐射、外种子自由电子激光实验，并成功开展了高增益谐波放大与基于回声机制的谐波放大等自由电子激光原理的研究，标志着我国在自由电子激光实验研究方面步入世界先进行列。

散裂中子源

中子也可以作为“探针”，各种中子源也是研究物质微观结构的有力手段。中子不带电、能量低、具有磁矩、穿透性强、无破坏性，能清晰地分辨轻元素、同位素和近邻元素，用以研究在原子、分子尺

度上各种物质的微观结构和运动规律，告诉我们原子、分子在哪里，在做什么，不仅可探索物质静态微观结构，还能研究其动力学机制。中子源与同步辐射光源互为补充，已经成为基础科学研究和新材料研发的重要平台。美国、英国和日本都有散裂中子源，我国在广东东莞也建设了中国散裂中子源（CSNS），为相关领域的研究提供高性能的平台。

我们知道，中子和质子都是原子核的组成部分。有什么办法可以让中子从原子核里“跑”出来，用作研究物质微观结构的“探针”吗？加速器可以提供好办法，那就是把质子束加速到1吉电子伏左右的高能量，去轰击重金属的靶，与靶原子核产生散裂反应，把原子核里的中子“打”出来。这个过程就像把一个球重重地扔进一个装着许多小球的篮子里，使篮里的球飞散出来那样。能量为1.6吉电子伏的质子束轰击重金属（如钨）的靶，大约可以产生30个中子。中国散裂中子源每秒可以加速约1×10^{14}个高能质子，每秒能产生3×10^{15}个中子。利用如此高通量的中子，科学家就可以应用中子散射技术深入地开展科学研究了。

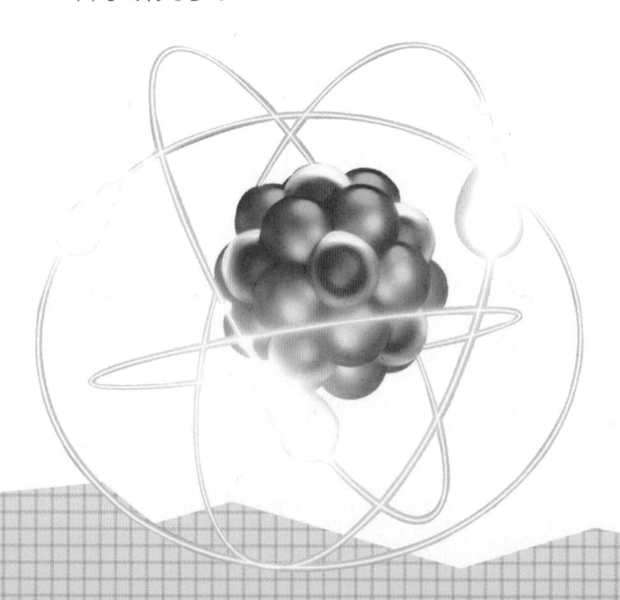

中国散裂中子源主要由一台负氢离子直线加速器、一台快循环质子同步加速器、两条束流输运线、一个靶站和三台谱仪及相应的配套设施组成。负氢离子源

产生的束流在直线加速器里被加速到80兆电子伏，经过中能束流输运线注入快循环同步加速器。在同步加速器的入口安装了一台剥离膜装置，可以把负氢离子中的电子剥离掉而转换成质子。质子在同步加速器进行积累，并加速到最终能量1.6吉电子伏，每秒可进行25次这样的循环。质子束通过高能束流输运线送到靶站，轰击钨靶产生散裂中子。在靶站内部安装了慢化器，可以把散裂反应产生的快中子减速为能量为1～100毫电子伏的慢中子（相应的波长为1～0.01纳米），再通过中子导管引到各台谱仪，供用户开展实验研究。中国散裂中子源具有安装20台中子束线和谱仪的能力，在工程的第一阶段，建设了3台谱仪，分别是高通量粉末衍射谱仪、多功能反射谱仪和小角散射谱仪。在“十四五”期间，中国散裂中子源将新增11台谱仪和实验终端，可帮助更多科学家开展研究。

中国散裂中子源建成后，为生命科学、材料科学、物理学、化学、纳米科学、环境科学、地球科学和医药学等领域的前沿探索提供先进的研究手段，有望使我国在量子调控、基因和蛋白质工程、高温超导机理和稀土永磁材料等重要研究方向上取得突破，为国家重大战略需求提供有力的支撑。

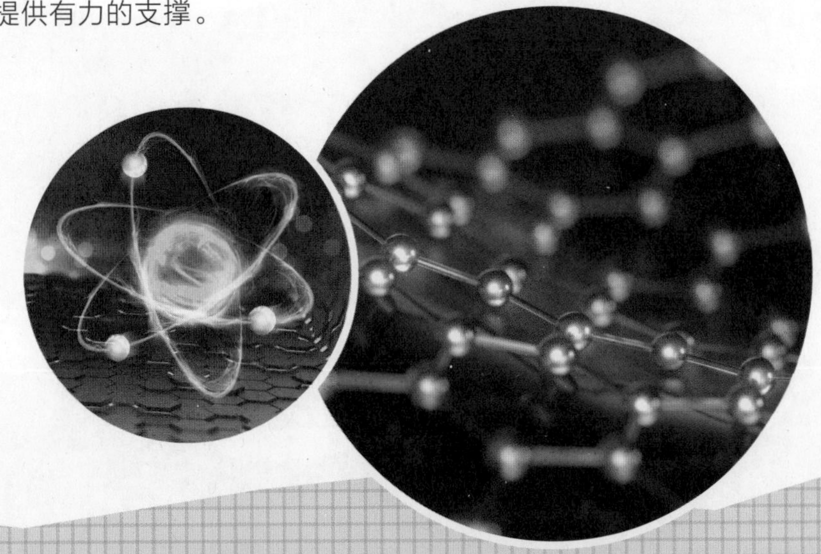

负氢离子直线加速器

中国散裂中子源

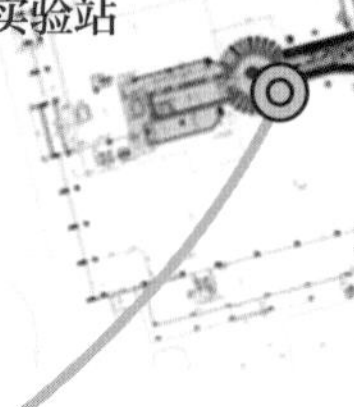

散裂靶站

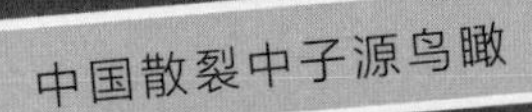

中国散裂中子源鸟瞰

快循环质子同步加速器

由离子源产生的能量为5万电子伏的负氢离子，通过高频四极加速器聚束加速到3兆电子伏，在直线加速器里能量提高到80兆电子伏，经中能束流输运线注入快循环同步加速器，剥离转换成质子并加速到最终能量1.6吉电子伏，每秒可进行25次这样的循环。质子束通过高能束流输运线送到靶站。高能质子束轰击钨靶产生大量散裂中子，经过慢化器把快中子减速为实验要求的慢中子，通过中子导管引到谱仪，供用户进行实验研究。CSNS具有安装20台中子束线和谱仪的能力，一期建设3台谱仪。在80兆电子伏直线加速器之后预留了一段空间，可在以后安装更多加速腔来提高同步加速器的注入能量，把束流功率提升到500千瓦。

用于原子核层次研究的加速器

粒子加速器是在20世纪30年代初，应核物理研究的需求而诞生的。随着研究的深入，核物理研究的前沿又推进到放射性核束物理、核天体物理、重子物理、超核、超重元素和夸克-胶子等离子体等领域。瞄准这些重大科学目标，国际上建造了一批大型加速器装置，有美国的相对论性重离子对撞机、德国重离子研究中心和日本理化研究所的重离子加速器等。我国先后建成了兰州重离子加速器（HIRFL）及其冷却储存环（HIRFL-CSR）和串列加速器（HI-13）及其升级装置（BRIF），正在建设强流重离子加速器装置（HIAF）。

兰州重离子研究装置及其冷却储存环

HIRFL是一台大型分离扇回旋加速器，由一台作为注入器的扇形聚焦回旋加速器（SFC）和一台分离扇回旋加速器（SSC），以及离子源、束流传输线和实验终端组成。HIRFL于1988年建成出束，它可以加速从质子到铀的各种离子，束流能量可达每核子100兆电子伏。科学家在HIRFL上做出了许多具有国际水平的研究成果，使我国在国际重离子物理及相关前沿领域占据了一席之地。

SSC的主导磁铁系统由4块扇形磁铁组成，磁场强度为1.6特，高频加速电压为10万～25万伏，真空室的总体积达100米^3，束流注入和引出的平均半径分别是1.0米和3.21米。束流从SSC中引出后，经过束流传输线，送到实验终端，用以进行核物理实验，开展新核素合成和研究、中低能重离子碰撞和热核性质研究，以及重离子束应用研究，并作为下一级加速器的注入器。

兰州重离子装置的分离扇回旋加速器

图中绿色的是扇形磁铁，来自SFC的重离子束通过传输线从中部注入SSC，加速后引出的束流经由左侧的传输线送到实验站和下一级加速器。

HIRFL-CSR是国家“九五”期间投资建设的重大科学设施，是一台以HIRFL作为注入器，集累积、冷却、加速、储存、内靶实验及高分辨核质量测量于一体的多功能实验装置。这里说的“冷却”，指利用高性能的电子束与重离子束相互作用，减小束流的发射度，从而大幅提高重离子束流的品质。

HIRFL由ECR离子源、SFC、SSC、放射性束流线、新建的冷却储存环主环和实验环等主要设施组成，具有加速全离子的能力，可提供多种类、宽能量范围、高品质的稳定核束和放射性束。

HIRFL-CSR使一些极端条件下的高精度测量成为可能，为我国在放射性束物理、高温高密度条件下核物质性质和高离化态原子物理等基础研究，以及天体核物理、重离子辐照损伤和重离子治癌等交叉学科的研究和应用提供先进平台。科学家在HIRFL-CSR上取得了包括合成数十种新核素在内的一批重要成果，并开展了超重新元素的探索研究，使我国在原子核结构、重离子碰撞、热核性质研究和高精度原子核质量测量等领域进入国际先进行列。

兰州重离子加速器及冷却储存环布局图

分离扇回旋加速器

扇形回旋加速器

电子冷却装置

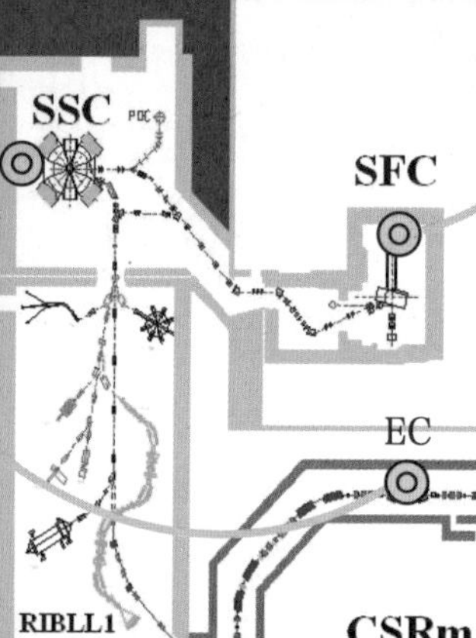

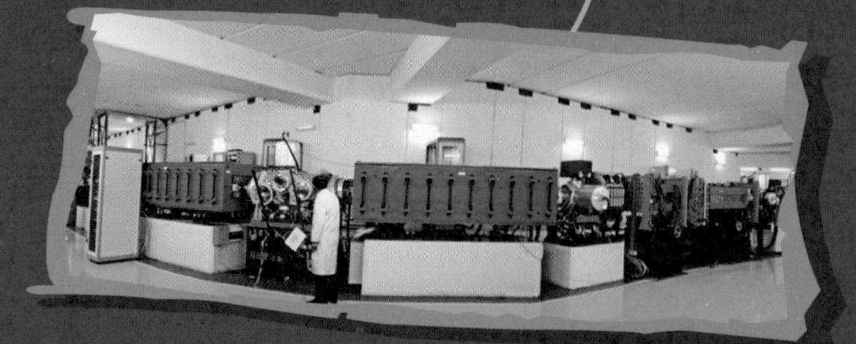

CSR主环

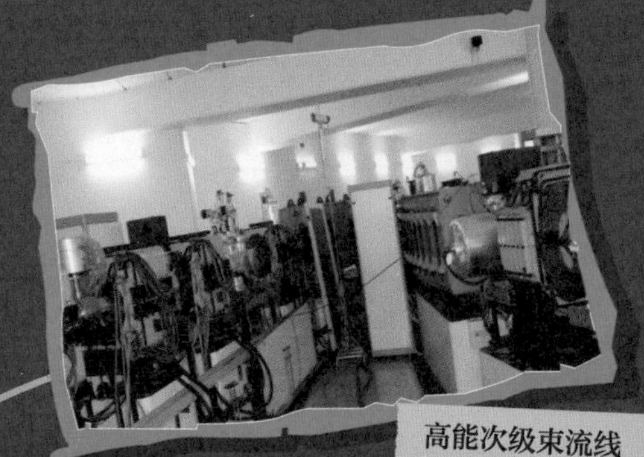

高能次级束流线

离子源产生的重离子经过SFC加速到每核子10兆电子伏，注入SSC并加速到每核子100兆电子伏，再注入周长为161米的冷却储存环的主环（CSRm）进行冷却（EC为电子冷却装置）并加速到约每核子1吉电子伏，最后注入长128.8米的实验环（CSRe），开展内靶（IT）实验。RIBLL1和RIBLL2是两台放射性束分离器，MT为用于重离子治疗癌症的医学终端。

内靶实验装置

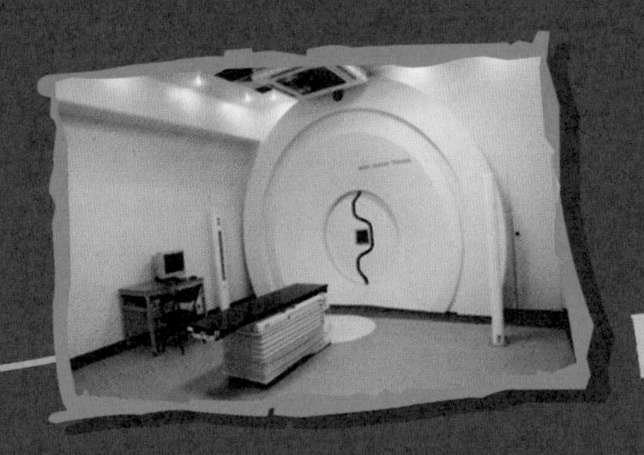

重离子治疗

CSR实验环

北京HI-13串列加速器及其升级装置

静电加速器是最早发明的一种高压型加速器。串列加速器也是一种静电加速器，所不同的是在这种加速器里，离子源产生的离子束在第一根加速管中被加速一次后，经过一个电荷转换装置，使粒子带电极性改变，在第二根加速管中再次被加速，从而提高了粒子加速的效率。

中国原子能科学研究院的HI-13串列加速器，自1987年投入运行以来，累计运行超过10万小时，为国内外50多个研究机构的300多个课题提供了从氢到金的数十种离子束流，在基础研究、核数据测量和核技术应用等方面取得了一批具有国际影响的成果。

中国原子能科学研究院的HI-13串列加速器

由负离子注入器、高压发生器、加速管、高压电极和磁分析器等部分组成。高压发生器的钢桶长25米，最大内径5.5米，容量为360米^3，内充绝缘气体。HI-13的端电压为13兆伏，两端为地电位，中部为高电位。负离子从加速器的接地端注入，在第一根加速管中被加速一次，通过电荷转换装置，转换成正离子，进入第二根加速管中再次得到加速。

在HI-13串列加速器成功运行的基础上，科学家提出了对装置进行升级改造的计划，即北京放射性离子束装置（BRIF）。BRIF包括新建一台能量为100兆电子伏、流强为200微安的紧凑型强流质子回旋加速器、一台高质量分辨率的在线同位素分离器和一台超导重离子直线增能器，与原有的HI-13串列加速器组成一套加速器组合装置。

北京放射性离子束装置

在线同位素分离器

靶源系统

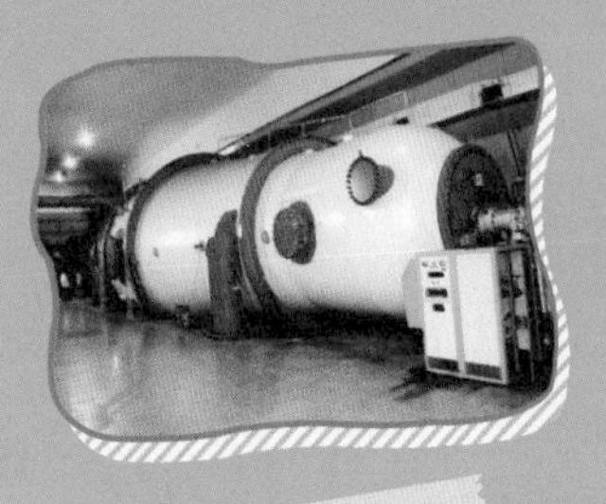

HI-13 串列加速器

超导腔

100兆电子伏回旋加速器

在HI-13串列加速器基础上升级的加速器群，包括新建的一台紧凑型等时性强流质子回旋加速器、一台在线同位素分离器和一台超导重离子直线增能器，与原有的HI-13组成一套加速器组合装置。

在BRIF里，回旋加速器产生的强流质子束轰击靶源，产生放射性同位素束，经在线同位素分离器后注入串列加速器，能产生100多种强度为每秒10^6 ~ 10^{11}粒子的不稳定核素和稳定重离子束。利用回旋加速器产生的质子束流，可以开展核技术应用，还可以打靶产生中子进行实验研究。

BRIF于2016年建成，其性能达到国际同类装置的先进水平，在空间辐射物理研究、核数据测量、开发新型放射性同位素、核医学研究及推动其他应用等方面发挥了重要作用，成为我国核科学技术领域基础和应用研究的平台。

强流重离子加速器装置

在HIRFL-CSR取得成功的基础上，国家“十二五”重大科技基础设施项目——强流重离子加速器装置（HIAF），于2018年12月在广东惠州开工建设，计划在2025年建成。

HIAF是由多台加速器组成的复合体，由强流超导离子源（SECR）、强流超导离子直线加速器（iLinac）、增强器（BRing）、高精度环形谱仪（SRing）、低能核结构谱仪、强流离子束辐照终端、放射性次级束流分离器、外靶实验终端、电子-离子复合共振谱仪和相关配套设施构成。HIAF建成后，将成为国际领先的强流重离子加速器装置，具备产生极端远离稳定线核素的能力，可提供世界上峰值流强最高的低能重离子束流、最高能量达每核子4.25吉电子伏的脉冲重离子束流和国际上测量精度最高的原子核质量测量谱仪，为鉴别新核素、扩展核素版图、研究弱束缚核结构和反应机制，尤其是精确测量远离稳定线的短寿命原子核质量，提供国际领先的研究条件。同时，也为重离子束流的应用研究提供先进的实验平台，为核能开发、核安全及核技术应用提供理论、方法、技术和人才支撑。

与此同时，一些科学家还提出了北京放射性核束装置（BISOL）等原子核科学研究装置的计划。强流重离子加速器装置的建设，将使我国核科学研究从“紧跟”走向“并行”，并逐步实现“引领”，走向世界前列。

强流重离子加速器装置布局示意图

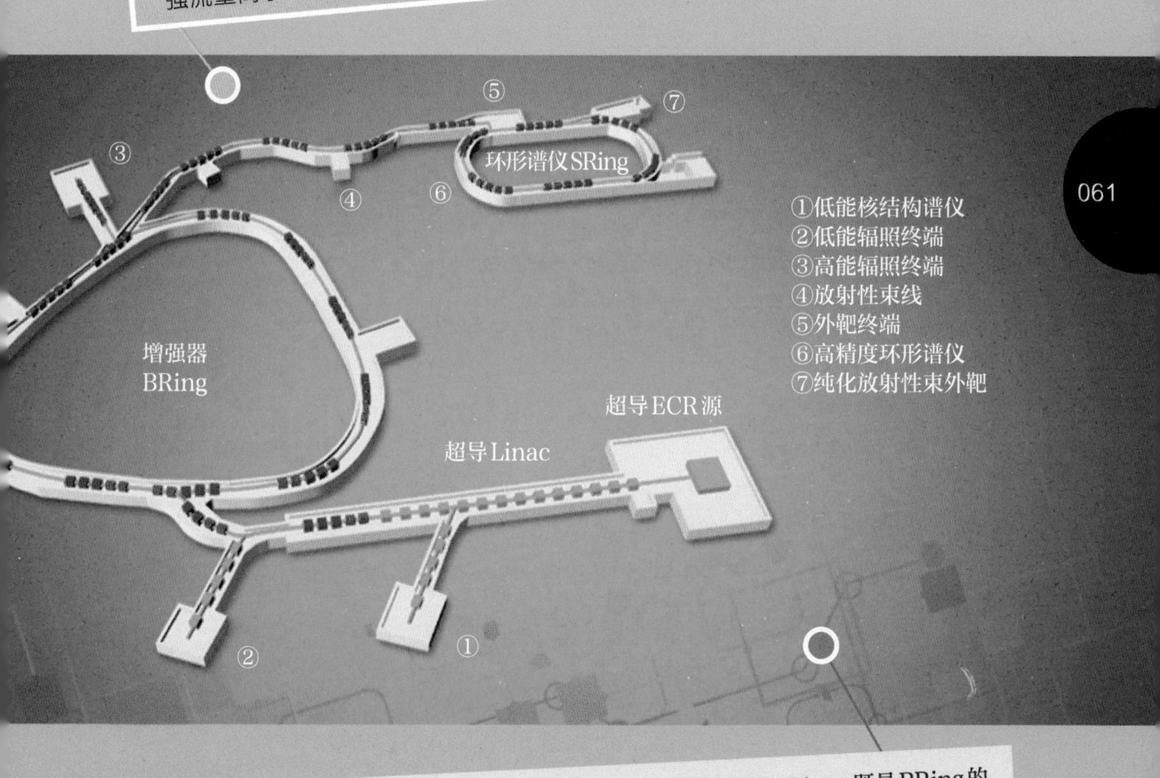

离子源产生的强流离子束，注入超导Linac进行预加速。Linac既是BRing的注入器，也可为低能核物理实验提供强流离子束。Bring采用相空间涂抹和束流冷却技术将离子束累积到高流强并进行加速，引出束流打靶产生放射性核素，经放射性束线分离和选择后注入SRing。SRing能精确测量短寿命原子核的质量，并能产生高品质放射性束流，既可进行内靶实验，也能将束流引出，开展外靶实验。

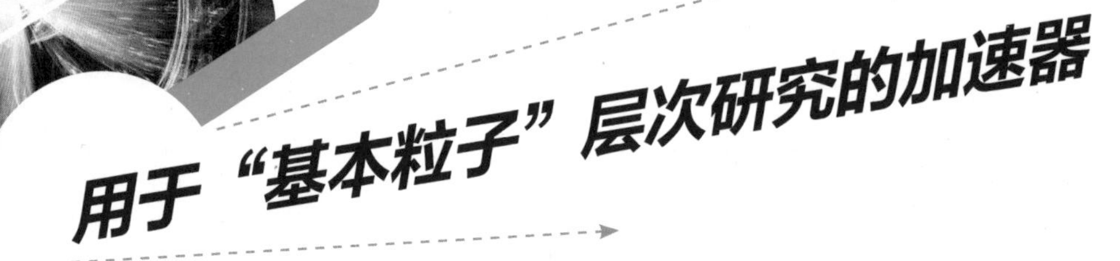

用于“基本粒子”层次研究的加速器

细心的读者会注意到，我们在“基本粒子”这个词上加了引号。基本粒子的本意，是指构成物质的最小、最基本的单位。但随着研究的深入，科学家发现，过去被认为“基本”的粒子，如质子和中子，也有复杂的结构，它们是由更小、更“基本”的粒子——夸克组成的。现在粒子物理（即高能物理）的研究已深入到核子的内部，进入到夸克和轻子的层次。这里我们沿用“基本粒子”层次的提法，是指目前所知的最深的层次。“基本粒子”层次的研究手段，就是高能物理实验装置。为了提高有效的作用能量，就要让两束接近光速的粒子束进行对撞，这样的加速器就是对撞机。

对撞机

读者一定很关心对撞机是怎样工作的？打个比方，松鼠想吃核桃里的仁，把核桃使劲扔在地上也打不开，而科学家用各种设备，让核桃沿轨道快速运动，再对头碰撞，核桃就被打开了。

在对撞机工作原理图中，红颜色的弧段表示磁铁，它们起偏转和聚焦作用，使粒子束流能够在环形加速器稳定地回旋，持续频繁地进行对撞；磁铁中间银色的部分是环形真空盒，用各种真空泵把其中的气体的压强抽到只有不到大气压的一万亿分之一，保证束流在其中运动时畅通无阻，不会与残余气体的分子过多地碰撞而损失掉；上下两个直线段里安装的是高频加速腔，束流经过时，就像在荡秋千时被“同步地”向前推那样，不断得到加速；安放在左右两个直线段里的是探测器，它们是高能物理实验装置中的“火眼金睛”，可以探测对撞产生的各种次级粒子，精确测量它们的能量、动量、运动径迹和所携带的电荷等参量，并记录在计算机中，提供离线的物理分析。在这张图上没有画出的，还有注入器（一台或一组加速器）和把束流从注入器输送和注入对撞机的设备、为电磁铁励磁的精密电源、测量束流参量的探测装置，以及对所有设备进行操纵和协调的自动控制系统等。

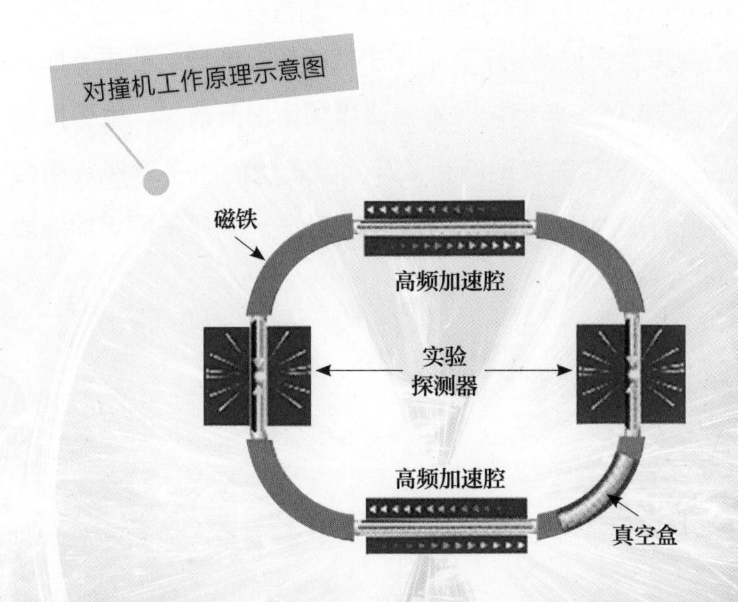

对撞机工作原理示意图

自20世纪60年代以来，在世界上已建造了30台对撞机，其中最多的是正负电子对撞机（共24台），还有5台强子对撞机和1台质子-电子对撞机。这些对撞机中规模最大的是建造在日内瓦附近、赫赫有名的大型强子对撞机（LHC）。

大型强子对撞机

大型强子对撞机（LHC）是当今世界上最大的加速器，也是迄今为止人类建造的最大的科学研究装置。LHC坐落在日内瓦附近的欧洲核子研究中心，有四分之一在瑞士、四分之三在法国，安装在平均深度约100米的地下隧道里。照片中圆筒状的大家伙是超导磁铁，它们能产生8.33特的强磁场，让质子束流在其中的真空室里回旋运动。在LHC中有1232块长度为14.3米的超导偏转磁铁，再加上聚焦磁铁、直线段和对撞区等，整个加速器的周长达27千米。

LHC能把两束质子加速到7万亿电子伏的超高能量。把质子加速到这么高能量，不可能一蹴而就，需要逐级加速提升能量，就像接力赛跑那样。为了在LHC里实现两束7万亿电子伏的质子对撞，动用了CERN几乎所有加速器，包括世界上第一台强聚焦质子同步加速器CPS。

安装在隧道中的大型强子对撞机

在LHC中，两束超高能量的质子束流在设计的地点对撞，在附近安装了大型探测器，科学家就用这些装置来观测接近光速相向运动的高能粒子对撞产生的次级粒子，探索物质微观结构的奥秘。在LHC布局示意图中，标出了LHC的几个长直线段安装的功能设备。高频加速腔为LHC中的质子束流加速，提高其能量。在发生故障时，束流将被紧急送到束流垃圾桶，防止损害加速器的部件。束流清洁器用来挡掉偏离束流中心的粒子，避免损失在其他地方产生辐射和散射在探测器上对实验形成干扰。在LHC上，安装了多台大型探测器，主要有四台：超环面探测器（ATLAS）、紧凑型缪子螺线管探测器（CMS）、大型离子对撞机实验装置（ALICE）和底夸克实验装置（LHCb），它们能准确地测量LHC中质子对撞产生的次级粒子的各种数据。

LHC布局示意图

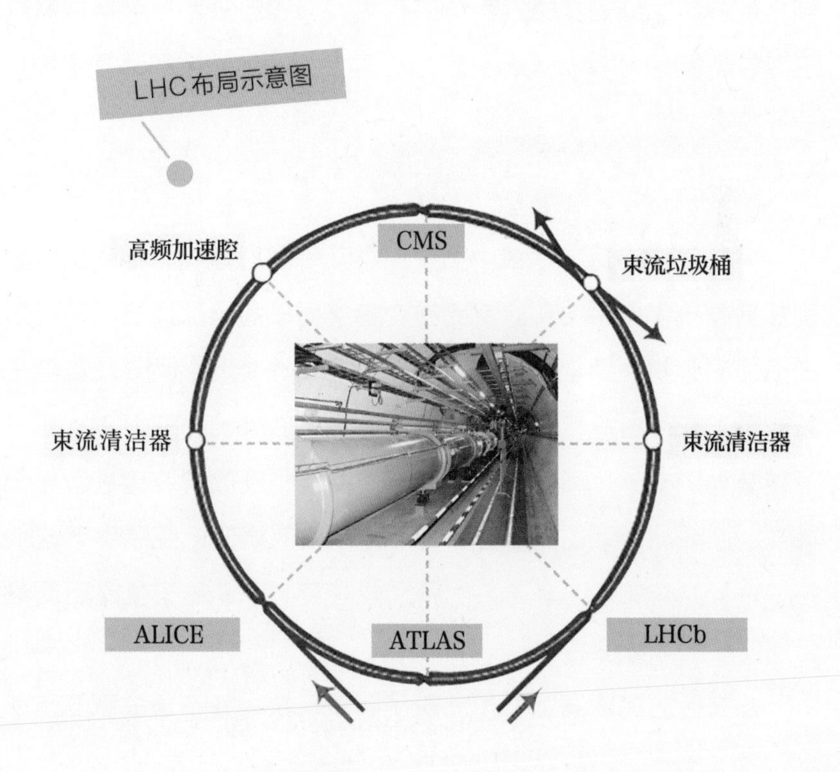

经过10多年的建设，LHC终于建成，在2008年8月7日第一次注入束流。可是，运行不到两星期，就发生了超导磁铁的连接线短路造成氦泄漏的严重事故。经过一年多的修复，LHC于2009年11月恢复运行。为了确保安全，其在设计的最高能量7万亿电子伏一半的能量下运行。艰辛的努力终于得到了回报，科学家于2012年在这台对撞机上发现了被称为“上帝粒子”的希格斯粒子。2013年，提出希格斯机制的两位理论物理学家比利时的恩格勒和英国的希格斯荣获诺贝尔物理学奖。LHC已实现了在质子束6.5万亿电子伏的能量下运行，科学家正在夜以继日地工作，争取在LHC上取得更多重要的发现。

中国是LHC实验的一个重要参加国。中国科学家参加了探测器的建设，也是ATLAS、CMS和LHCb合作组的成员，参加了LHC上的实验数据分析，为取得希格斯粒子的发现与研究等物理成果做出了重要贡献。

北京正负电子对撞机

1974年11月，丁肇中和里克特几乎同时宣布，他们的实验组分别在美国布鲁克海文实验室的交变梯度质子同步加速器和斯坦福直线加速器中心的正负电子对撞机上发现了一个能量约为3.1吉电子伏的新粒子，并各自命名为J粒子和ψ粒子，后来统一称为J/ψ粒子。这一被誉为“十一月革命”的发现，使高能物理的研究迈进了一个新的境界。此前被公认的上、下、奇3种夸克的框架已经装不下这个新粒子了，应当有第4种夸克，也就是粲夸克。J/ψ粒子就是正反粲夸克组成的一个粲粒子。

在先行的加速器上发现新粒子、新现象，并不是故事的结束，而是精彩篇章的开头。高能物理是基于大量事例的统计研究，必须尽可能多地获取这些粒子，以便对它们的性质、结构及其相互转化进行深入细致的研究。这就需要在这些已有所知又知之不多的能区，建造更高性能的粒子加速器。瞄准在 τ - 粲能区丰富的“金矿”，中国科学家提出了北京正负电子对撞机的建设计划。

北京正负电子对撞机（BEPC）于1984年10月破土动工，1988年10月按计划建成，迅速达到设计指标，1989年投入高能物理和同步辐射实验。BEPC由四大部分构成：注入器与束流输运线、储存环、北京谱仪和同步辐射装置。

从图中可见，BEPC像一只硕大的羽毛球拍。球拍的“把”——注入器是一台长202米的行波正负电子直线加速器。电子枪产生的电子束在盘荷波导加速管中，就像冲浪一样骑在微波场上不断得到加速。在电子束被加速到150兆电子伏时，轰击一个约1厘米厚的钨靶，由于级联簇射效应产生正负电子对，将正电子聚焦、收集起来加速，就得到高能量的正电子束。正负电子束流通过输运线注入到球拍的“框”——储存环中，进行积累、储存、加速和对撞。正负电子束流在储存环长240米的真空盒里做回旋运动，安放在真空盒周围的各种高精度电磁铁将束流偏转、聚焦、控制在环形真空盒的中心附近；高频腔不断把微波功率传递给束流使之补充能量并得到加速；上百个探头检测束流的强度、位置等性能；计算机通过各种接口设备，控制对撞机的上千台设备的工作。当正负电子束流被加速到所需要的能量时，对撞点两侧的一对静电分离器被关断，正负电子束流就开始对撞，安放在对撞点附近的北京谱仪开始工作，获取对撞产生的信息。北京同步辐射装置的光束线和实验站也可以开展各种实验。BEPC储存环每隔4 ~ 6小时重新注入正负电子束流，重复以上过程。

BEPC的总体布局

同步辐射装置

束流输运线

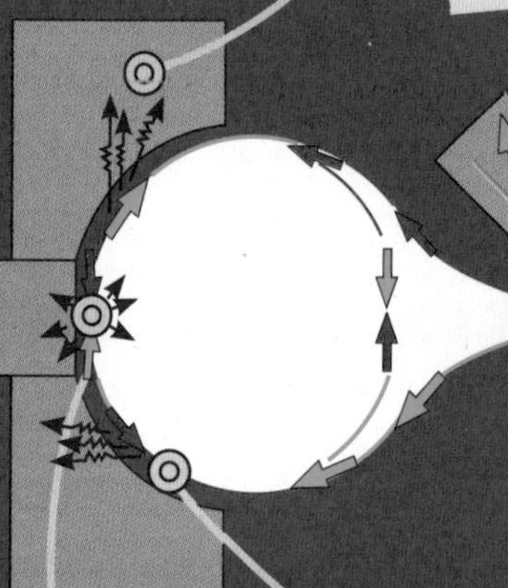

负电子

正电子

同步辐射光

储存环

北京谱仪

正电子源

直线加速器

BEPC由正负电子注入器与束流输运线、储存环、北京谱仪和同步辐射装置四大部分构成。

BEPC于1988年建成，工作在2吉～5吉电子伏的 τ -粲能区，成为性能在该能区国际领先的对撞机，取得了诸如 τ 轻子质量精确测量、R值测量和新粒子X（1835）（该粒子能量为1835兆电子伏）的发现等举世瞩目的物理成果。

粲物理领域的物理研究十分诱人，随着研究的深入，人们发现要取得重大物理成果，需要获取更多的事例，对于J/ψ 粒子来说，就需要能获取 1×10^{10} 个，甚至更多。如果按BEPC的运行亮度*来推算，仅获取这么多J/ψ 数据就需要约50年，这显然是不现实的。这就要求大幅提高BEPC的对撞亮度。与此同时，还需要提高探测器的精度，减小系统误差。这就是北京正负电子对撞机重大改造工程，即BEPC Ⅱ。

BEPC Ⅱ要在BEPC的基础上把对撞亮度提高100倍，用什么办法来实现呢？我们知道，对撞机中束团的数目越多，正负电子碰撞的机会就越大，亮度也就越高。BEPC是一台单环对撞机，在储存环里只允许有一对正负电子束团进行对撞。BEPC Ⅱ采用了双环方案，正负电子在各自的储存环里回旋，在设定的地点进行对撞，束团的数目可以增加到100对左右，加上其他参量的优化，就能够将亮度提高100倍。

BEPC Ⅱ在相对比较短的周长和窄小的隧道里创造性地实施了双环方案，采用了一系列先进技术，成功实现了大流强、高亮度对撞。同时创造性地采用“内外桥”连接两个正负电子外半环形成同步辐射环和大交叉角正负电子双环的“三环方案”，兼顾了高能物理与同步辐射应用。

---

* 亮度是表征对撞产生某种新粒子的产生概率大小的物理量。亮度越高，单位时间里产生粒子反应的事例数就越多。

BEPC Ⅱ储存环

超导高频腔

北京谱仪BESⅢ

对撞区

采用安装在正负电子环的超导高频腔和插入到北京谱仪内部的超导磁铁，是一台双环结构的高亮度储存环对撞机。

储存环弧区

BEPC Ⅱ于2008年建成后，立即投入高能物理实验和同步辐射运行，性能持续提高。基于BEPC Ⅱ，建立了以我国为主的北京谱仪BES Ⅲ大型国际合作组，成员包括来自15个国家、70多个研究机构的约500位科学家。北京谱仪BES Ⅲ是安装在对撞机上的一台大型通用磁谱仪。对撞机中的正负电子束团在谱仪中心对撞，谱仪准确地记录产生的次级粒子的空间位置、携带的电荷、能量、动量和种类等，经过数据处理后开展粲能区的物理研究。BES Ⅲ的总重量约700吨，由中心漂移室、主漂移室、电磁量能器、飞行时间探测器、缪子计数器和超导磁体，以及电子学和数据获取系统等部分组成，其总体性能处于世界前列。

BES Ⅲ合作组的科学家在BEPC Ⅱ上开展高能物理研究，取得了一系列重要进展。2013年3月26日，科学家在采集的数据中发现了一个四夸克态粒子，命名为Zc（3900）（能量为3900兆电子伏），接着又发现了Zc（4020）（能量为4020兆电子伏）和Zc（4025）（能量为4025兆电子伏）。这项发现，被美国《物理》杂志评选为2013年国际物理领域11项重要成果之首。

北京谱仪BES Ⅲ

由中心向外，分别是铍真空管（加速器的束流从其中心通过）、中心漂移室、主漂移室、电磁量能器、飞行时间探测器、超导磁体和缪子计数器，两侧是打开的端盖。

直线对撞机

基于加速器的粒子物理研究有两个前沿，即高精度前沿和高能量前沿。BEPC和BEPC Ⅱ，先后都是 τ-粲能区国际领先的对撞机，居于该能区高精度研究的前沿；而高能量前沿则是先前未曾达到的能区，其主要目标是发现新现象、探索新物理。

近年来，各国科学家提出了多个高能量前沿加速器的方案。国际直线对撞机（ILC）的设计和研究已进行多年，日本科学家正在积极争取ILC在日本落户建造。欧洲核子研究中心在继续运行和改进LHC的同时，又提出了紧凑型直线对撞机CLIC和未来环形对撞机的计划。

上面讨论的对撞机，无论是质子-质子对撞机，还是正负电子对撞机，都是环形的对撞机。束流在储存环里积累、储存、加速和对撞。带电粒子在储存环里，每以接近光的速度回旋，每经过一次高频腔，就能同步地得到一次加速。这样的一个好处是，只要用相对较低的高频电场，就能把束流加速到很高的能量；另一个好处是，束流中有许多束团，每回转一圈就能进行一次对撞，碰撞的频率很高，发生粒子反应的机会更多，也就是对撞亮度更高。那么，为什么更高能量的正负电子对撞机要采用直线加速器的方案呢？

在“同步辐射光源”一节里，我们已经知道，电子束在环形加速器里偏转时，会在轨道切线方向辐射出光子，这种同步辐射光的能量与束流能量的四次方成正比。随着束流能量的提高，环形加速器中束流产生的同步辐射光的能量也将大大增加，就需要更高的高频电场来补偿。这样一来，环形加速器多圈加速的优势就被抵消了，反而需要更多的高频腔和更高的高频功率。于是，人们在设计超高能对撞机时，就转向了没有轨道偏转产生同步辐射问题的直线加速器方案。

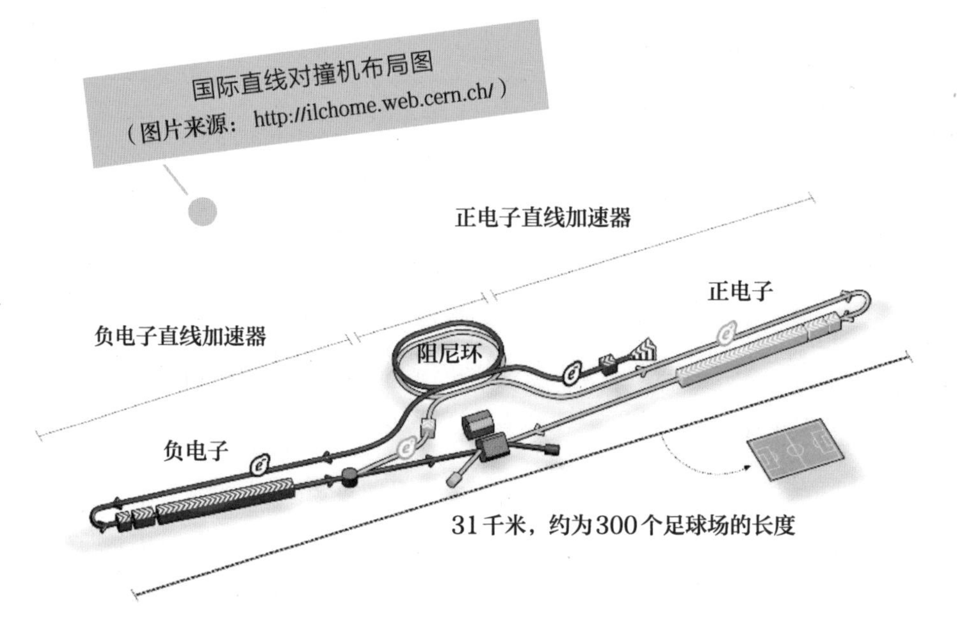

国际直线对撞机布局图
（图片来源：http://ilchome.web.cern.ch/）

国际直线对撞机主要由2台超导直线加速器、1台阻尼环、联结它们的束流输运线和最终聚焦对撞区等构成，总长度约31千米，相当于300个足球场加起来的长度。正负电子分别在2台超导直线加速器上被加速到250吉电子伏，经过最终聚焦段后进行对撞。阻尼环的功能是压缩束团的尺寸和减小能量分散。在对撞区安装有探测器，测量和记录正负电子对撞产生的次级粒子，开展高能物理研究。

大型环形对撞机

2012年7月，科学家在欧洲大型强子对撞机上发现了苦苦寻找了近半个世纪的“上帝粒子”——希格斯粒子，它的能量为125吉电子伏。中国科学家敏锐地抓住其中的发展机遇，于同年9月率先提出了建造一台质心能量为240吉电子伏的环形正负电子对撞机（CEPC）以及未来超级质子对撞机（SppC）的计划。

在CEPC里，正负电子从直线加速器（eLinac）产生后，注入到安装在对撞环同一隧道的增强器中，加速到120吉电子伏后，注入CEPC进行对撞。未来的SppC安装在CEPC同一隧道的外侧，质子束流也需要从一台质子直线加速器pLinac开始，经由低能增强器LEB、中能增强器MEB和高能增强器HEB，最终注入SppC进行积累、加速和对撞。束流能量为120吉电子伏，周长达100千米。在CEPC上，科学家可以对希格斯粒子进行精确的研究，并探寻物理的新线索。而在未来，还可以在同一隧道里建造一台超级质子对撞机SppC，束流能量最高可达50万亿电子伏，是LHC的7倍以上。

CEPC和SppC的示意图

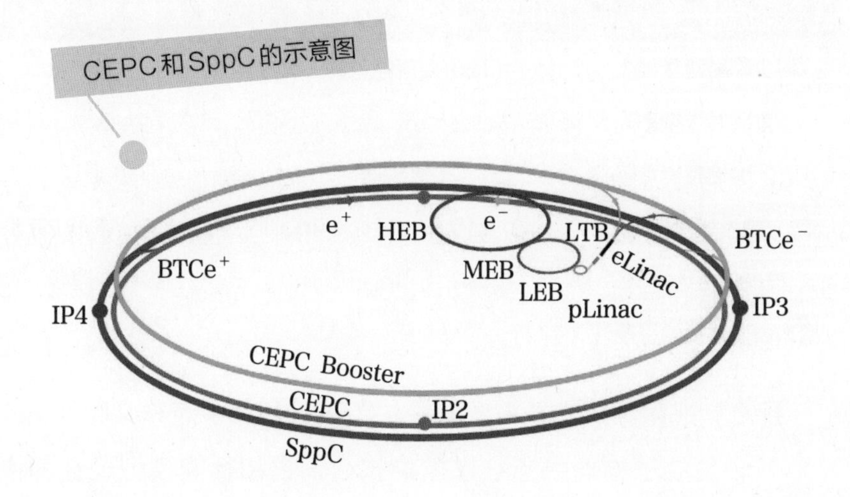

为什么说希格斯粒子的发现对于环形正负电子对撞是一个机遇呢？直线正负电子对撞机在高能量前沿受到科学家的青睐，是因为不存在同步辐射损失能量的困扰。但由于新发现的希格斯粒子的能量125吉电子伏还不太高，仍适宜采用具有很多优越性的环形正负电子对撞机的方案。

在环形对撞机中，正负电子在环形轨道上接近光速回旋运动，每秒可以对撞几百万次，因此能达到更高的对撞亮度，并且可以提供更多的对撞区安装实验谱仪。环形对撞机的另一个优点是束流在储存环中运动时，以很高的回旋频率经过高频腔而得到加速，因而具有更高的加速效率。此外，环形对撞机在技术上比直线对撞机更加成熟，在难度及成本方面也具有明显的优势。由于质子的静止能量比电子大1800倍，同步辐射效应很不明显，这样就有可能采用更高的偏转磁场，在同一个隧道里安装更高束流能量的质子对撞机。

环形和直线正负电子对撞机的比较

比较内容	环形正负电子对撞机	直线正负电子对撞机
同步辐射能量损失	有，正比于束流能量的4次方	无
束团对撞频率	高	低
加速特点	多次加速	一次通过
技术成熟度	高，已建成、运行十余台	低，处于设计和研究阶段
提高能量的方式	提高磁场和高频功率	接长加速器
增加强子对撞的可能性	有	无

那么，在希格斯粒子被发现后，CEPC还有多大意义呢？第一，希格斯场是粒子物理中标准模型的核心，它和标准模型现存的诸多疑难问题紧密相关，对于希格斯粒子性质的精确测量和研究，是寻找超出标准模型的新物理的最好突破口。第二，由于电子的结构简单，正负电子对撞湮灭产生新粒子的过程中本底很小，也就是说产生的希格斯粒子远比在大型强子对撞机上“干净”，信噪比高约1亿倍；而CEPC的对撞亮度高，投入运行后10年中就能获取一百万个“干净”的希格斯粒子，可以把希格斯玻色子性质的测量精度提升一个量级左

右，达到1%的精度，就能在10万亿电子伏的能标下探索新物理。第三，CEPC上还可产生近万亿的Z粒子，通过衰变产生数以百亿甚至千亿计的粲夸克对、底夸克对，以及τ轻子对，将为物理的研究提供巨大的机遇。第四，大型环形对撞机的建设，也将带动国内，包括超导高频、高效功率源、高场超导磁体、大型低温系统、大规模快速准直、超高真空、高精度磁铁、大规模电子学等领域尖端技术的突破性发展和工业化水平的进步，为经济社会的发展带来深刻的影响。

环形正负电子对撞机还有一个优点，就是可以在同一个隧道里安装强子对撞机。在CEPC的隧道里，可以同时安装一台超级质子–质子对撞机，质心能量可达100万亿电子伏，是LHC的7倍，在一个新标度的高能量前沿开展实验研究。

经过了6年多的不懈努力，CEPC团队于2018年正式发布了概念设计报告，内容包括物理目标、加速器、探测器，以及有关辅助设施的优化方案和设计。团队由来自26个国家和地区、200多个大学和研究所的近千名成员组成，其中国际参与者约占1/3。在完成概念设计的基础上，CEPC团队正在加紧开展加速器、探测器，以及支撑系统的技术设计和关键技术研究，为CEPC的建设奠定基础。

CEPC/SppC的总体参量

物理能区	希格斯	Z粒子	超高能区
对撞粒子种类	正负电子	正负电子	质子–质子
质心系能量（吉电子伏）	2×120	2×45.5	2×50000
对撞机周长（千米）		100	
对撞亮度（10^{34}/厘米^2·秒）	2.93	10.1	10.0
对撞点（谱仪）数目	2	2	2

CEPC地下隧道布局示意图

在加速器技术设计和预研方面，项目团队继续进行物理设计，优化不同能量下的对撞亮度，开展关键技术的样机研制，包括CEPC对撞环650兆赫双室超导腔、650兆赫大晶粒单室超导腔、电抛光设备、对撞环双孔径二极磁铁、对撞环双孔径四极磁铁、650兆赫超导腔恒温器、增强器铁芯高精度低场二极铁、增强器空芯高精度低场二极铁、电子环铝真空盒、650兆赫高功率高效800千瓦速调管和增强器1.3吉赫9-cell超导腔等。这些样机设备的指标都达到了设计的要求，许多研究工作也在相关企业和大学的合作中不断推进。

CEPC加速器关键部件预研的样机

CEPC对撞环双室高频超导腔

大晶粒单室高频超导腔

电抛光设备

高功率速调管

对撞环双孔径二极磁铁

对撞环双孔径四极磁铁

高频超导腔恒温器

增强器低场二极磁铁

增强器空芯低场二极磁铁

电子环铝真空盒

增强器高频超导腔

在探测器技术设计和预研方面，开展了正负电子对撞产生希格斯粒子的模拟、探测器的优化设计，并进行了CEPC探测器关键技术的研究，以径迹探测器系统为例，项目团队研制了漂移室样机、气体探测器读出系统样机、顶点系统芯片设计、时间投影室的场笼设计和读出系统及电子学设计等，为探测器优化设计和研制准备了条件。

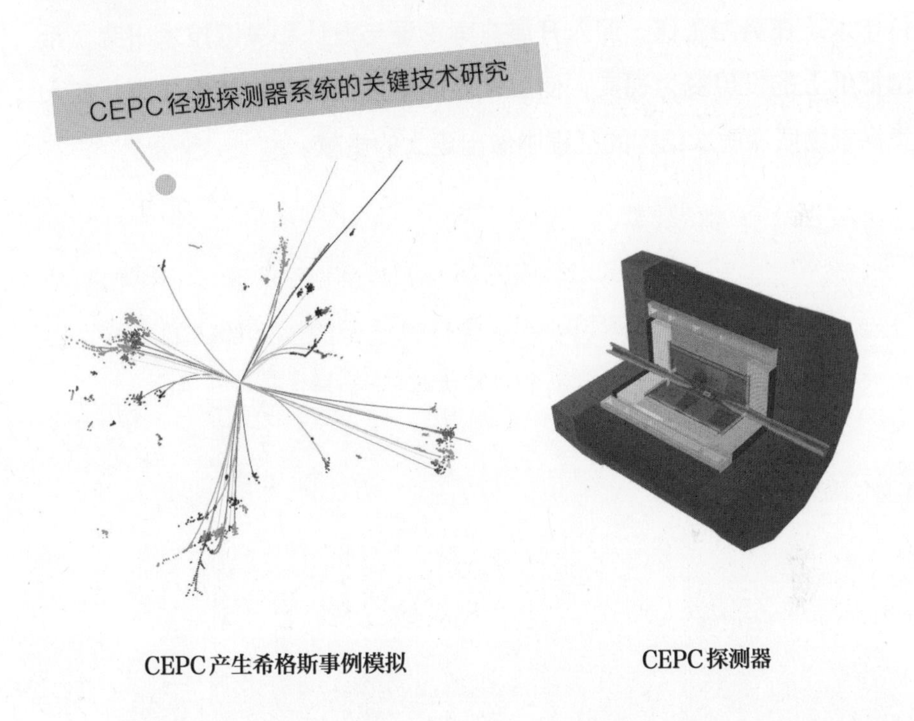

CEPC产生希格斯事例模拟　　CEPC探测器

大型环形正负电子对撞机的计划，在国内外引起了广泛的影响和反响，受到了公众的关注，也引发了激烈的争论，既有积极支持的，也有激烈反对的。有人把大型对撞机（Great Collider）与中国古代的长城（Great Wall）相比拟，认为CEPC的作用更大；也有人认为CEPC的规模太大，造价昂贵，性价比不高。大家各抒己见，体现了学术民主，这是重大科学项目推进中正常的过程，有助于研究的深入和科学的决策。

在CEPC/SppC的计划提出后不久，欧洲核子研究中心的科学家也提出未来环形对撞机（FCC）的计划。FCC包括强子对撞机（FCC-h）和正负电子对撞机（FCC-e）两组加速器，安放在周长为100千米的同一隧道里。

在高能量前沿，既有友好的国际合作，又存在激烈的竞争。中国科学家正在努力工作，深入开展方案论证与设计和关键技术研究，希望把纸上的设想变为现实，使引领高能量前沿研究的梦想成真，在人类探索物质深层次结构的征程中做出更大的贡献。

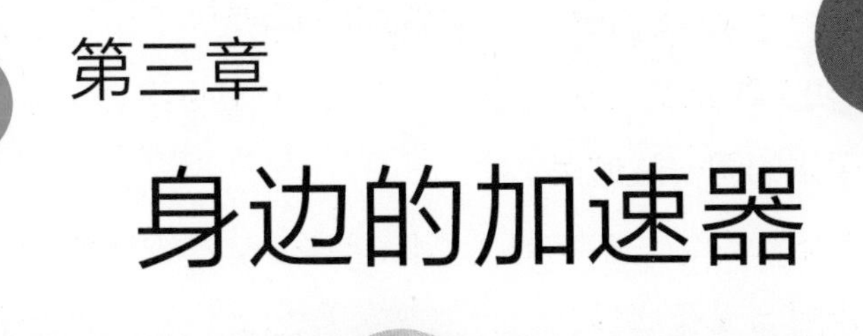

第三章

身边的加速器

粒子加速器是探索微观世界的利器，同时又广泛应用于国民经济的各个领域，是人类社会的好帮手。在这一章里，我们将从能源环境、放射治疗、闪光透视、辐照改性、无损检验和微量检测六个方面，讲述处理核废料的加速器、闪光加速器、医用加速器、离子注入机、无损检验加速器和加速器质谱等在我们身边的加速器。

变废为宝：用加速器处理核废料

加速器和反应堆是20世纪核科技领域的两大发明：加速器用束流作为“炮弹”打开原子核；反应堆通过核裂变释放储藏在原子核中的能量。在反应堆中，随着核燃料的使用，反应率会逐渐降低，最后变成乏燃料。乏燃料中包含大量的放射性元素，如果不能妥善处理，会严重危害环境与人的健康。据计算，1座功率1000兆瓦的核电站每年大约要产生200千克的乏燃料，其中包含约20千克的次锕系核素和30千克的长寿命裂变产物。这些产物需要经过几万年甚至几十万年的衰变，其放射性才能降到天然铀的水平。在目前的情况下，这些次锕系核素和裂变产物不再被回收利用，而作为核废料采用地下深层埋藏的方法处置。这种方式不仅费用昂贵，而且会对环境产生长远的危害。核废料的处理已成为世界性难题，核电发达的美国、德国、瑞典、芬兰、法国等国家，纷纷制订了建设深地质核废料处置库的计划。

人们在芬兰西海岸的奥尔基卢奥托岛地下400 ~ 500米深处挖掘一条条水平坑道，每条坑道里每隔几米挖一口深井，总共要挖几千口井。每口井里放置一个内装200多根乏燃料棒的铜罐，埋好后再用斑脱土封住井口，最后把坑道也封死，第一批乏燃料计划在2025年前后封存。人们打算在将来找到更好的方法后，再通过“挖矿”的方式把这些乏燃料取出来进行处理。

那么，有没有更好的核废料处理方法呢？科学家想出了一个好办法，让加速器和反应堆这对好兄弟联手合作，一起来解决这个世界难题。这就是加速器驱动的核废料嬗变系统（ADS）。在ADS里，利用加速器产生的强流质子束流，轰击反应堆里的重金属靶，产生的大量的散裂中子，用来驱动处于次临界状态*的核反应堆，通过外源中子来驱动核反应，把次锕系核素和长寿命核废料嬗变为寿命较短的核素。采用这种方法处理后，核废料中大多数成分的放射性可在数百年内降低到普通铀矿的水平，从而大幅降低长期放射性、显著减小需要永久储存的核废料体积，同时利用能量发电，变废为宝。因此，ADS是一种更为先进的核废料处置模式。

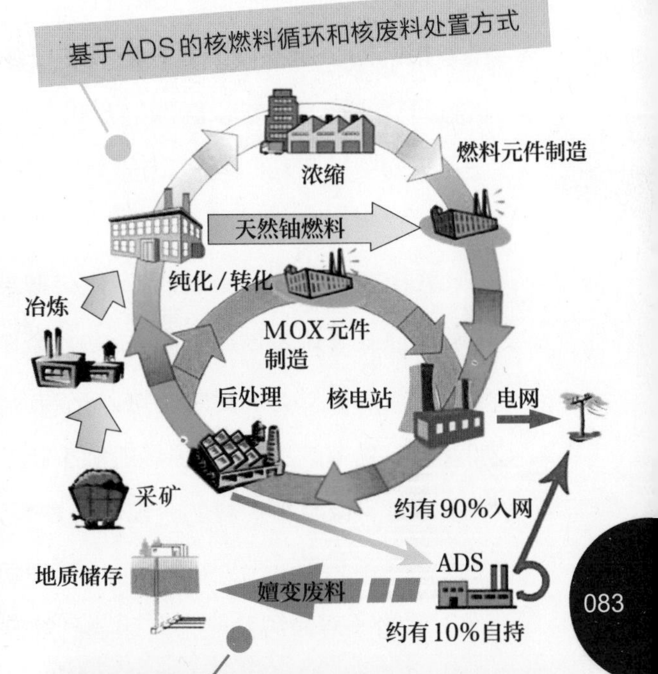

铀矿开采、冶炼、纯化/转化和浓缩后，制成燃料元件，送到核电厂，在反应堆中“燃烧”（核裂变）发电。然后对乏燃料进行后处理，把其中的铀-钚混合氧化物（MOX）提取出来，制成MOX燃料元件，送回核电站在反应堆中使用。另一部分可以利用的核燃料回到冶炼-纯化和转化-浓缩环节，制成燃料元件也送到反应堆再利用。把长寿命的放射性废料送到ADS装置中，嬗变成短寿命的核素，使毒性降低到1/100以下，体积减少到1/5以下。这样，只有少量嬗变后核废料需要地质储存，可以把核燃料的利用率从现在的1% ~ 2%提高到90%以上，同时还能用于发电，产生的电能约有90%入网，变废为宝。

---

* 次临界状态指裂变反应产生的中子数小于前一代反应的中子数的状态，因此不能自行维持链式反应。

在ADS里，强流质子束流打靶产生中子的过程，与散裂中子源是基本相同的。所不同的是，散裂中子源利用中子作为探针对实验样品进行研究，所以要求以脉冲的方式工作，而ADS加速器打靶产生的中子用来嬗变核废料，需要以连续的方式工作。在ADS中，加速器束流的平均功率更高。

ADS系统由质子直线加速器、散裂靶和次临界反应堆组成，目前世界上还处于研发阶段。在ADS系统中，有一系列的技术挑战，包括建造束流能量约为1吉电子伏、平均流强为10毫安级的高能强流质子加速器、功率达10兆瓦量级的散裂靶、用液态铅等作为冷却剂的次临界反应堆，以及核废料的分离与处置等。

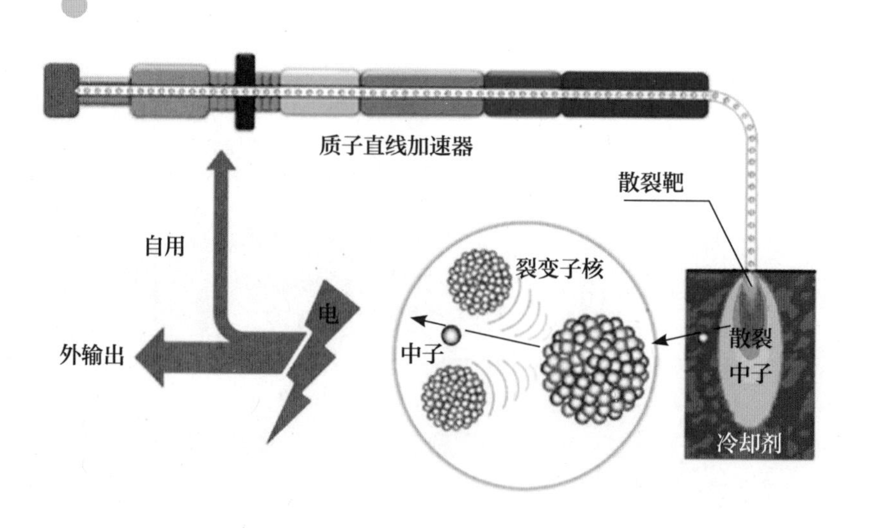

在国家的大力支持下，中国科学院启动了“未来先进核裂变能——ADS嬗变系统”战略性先导科技专项，重点开展ADS嬗变系统相关的强流质子加速器、铅铋冷却反应堆、重金属散裂靶和放射化学等科学问题和关键技术的研究，在2016年建成了世界上第一台ADS注入器样机——25兆电子伏强流质子加速器。同时，科学家提出了我国ADS发展路线图，计划按三步实施：在2025年左右建成束流功率为2.5兆瓦的加速器，驱动10兆瓦反应堆实验装置，2040年左右建成1.5吉电子伏/10毫安/1000兆瓦的示范装置。

在完成先导专项的基础上，科学家提出了中国加速器驱动嬗变研究装置（CiADS）的计划。该项目于2015年年底由国家立项，计划在开工建设后，用6年的时间建成，建成后它将是世界上首台高功率耦合运行的兆瓦级加速器驱动的核嬗变研究装置。CiADS主要包括1台束流功率为2.5兆瓦的强流质子直线加速器，1台重金属颗粒流散裂靶和1台热功率为10兆瓦的铅-铋次临界反应堆。

我国加速器驱动的核废料嬗变系统的发展路线图

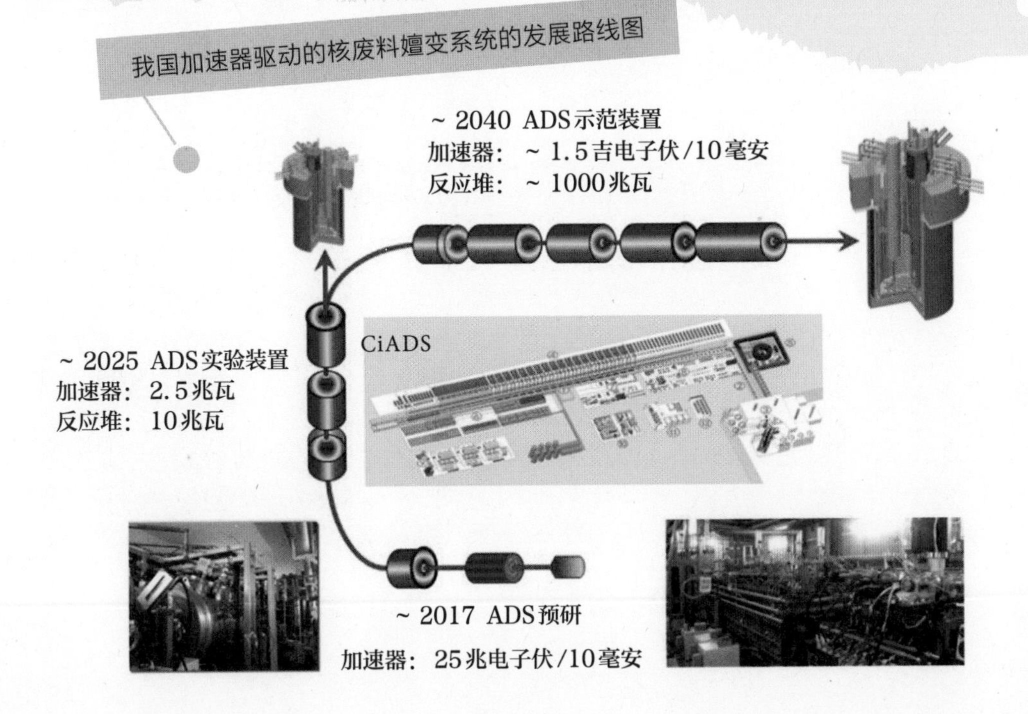

在CiADS上，科学家将深入开展器-靶-堆耦合特性研究和核废料嬗变原理性实验，通过对关键技术的实验验证与装置的性能评估，探索安全妥善处理、处置核废料的技术路线和工艺条件，为我国率先掌握加速器驱动次临界系统集成和核废料嬗变技术提供技术支撑，为建设工业示范装置奠定基础。

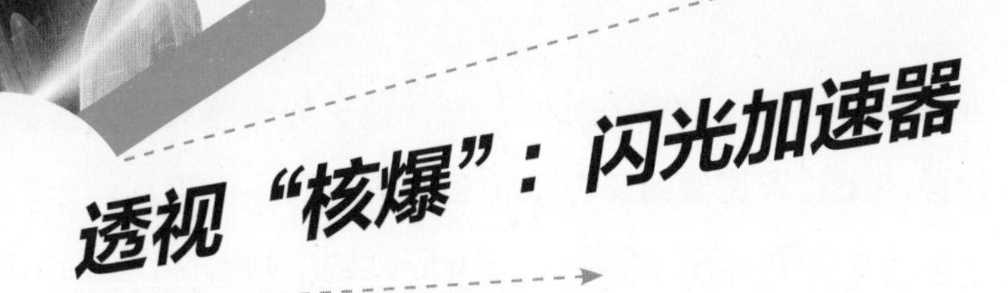

透视“核爆”：闪光加速器

20世纪60年代，我国先后研制成功了“两弹一星”，大大加强了国防力量，为世界和平做出了贡献。1996年，联合国通过了一项禁止所有核试验的全球条约——全面禁止核试验条约，中国是首批在条约上签字的国家之一。条约生效后，发达国家利用实验室模拟核爆实验的新手段，继续开展先进核武器的研究。闪光照相加速器，就是对模拟核爆进行“透视”的利器。

强流脉冲粒子束可用于模拟核爆炸产生的 γ 射线、X射线和中子等强辐射，用于研究核爆及其复杂的过程。那么，什么是闪光照相，它又是如何给核爆拍照的呢？我们在做体检时，会用到X光机对人体进行透视，闪光照相就是利用超强的脉冲X光对模拟核爆的过程进行透视成像。这就要求用来透视的X光要非常强，而且每次照相延续的时间（也就是脉冲长度）非常短。

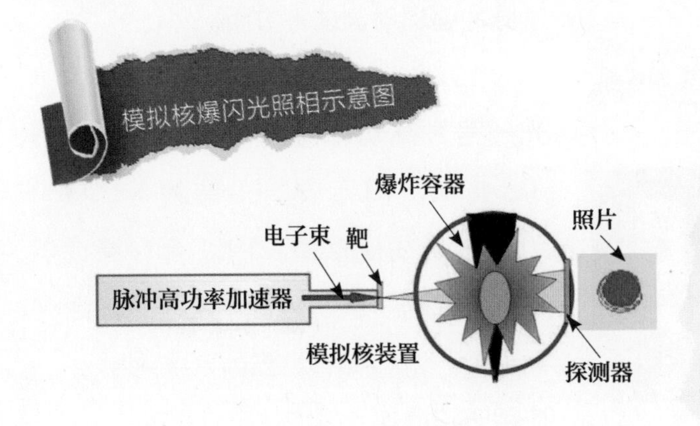

用加速器产生的强流脉冲电子束，轰击重金属靶产生脉冲强X光，同步地射入模拟核爆装置，对核反应过程进行“透视”，在探测器上成像，得到核爆炸瞬间的照片。

要获得这样又强又短的脉冲X光，粒子加速器又能大显身手了，这就是脉冲高功率加速器。在这个名词里有两个关键词，一是“高功率”，电子束流瞬间的功率超高，电压高达兆伏级、电流高达兆安级；二是“脉冲”，脉冲持续的时间超短，短到纳秒级。用脉冲高功率加速器产生的电子束，聚焦轰击重金属靶上能产生非常强的脉冲X光，就能对模拟核爆过程进行透视（这也是称为“闪光照相”的原因），在图像探测器上成像，把内爆瞬间的情况一览无余。加速器束流的能量越高、流强越大（脉冲功率越高），闪光照相的能力就越强。

我国脉冲高功率加速器的研究与建设，始于20世纪60年代初期，半个多世纪以来，取得了辉煌的成果。

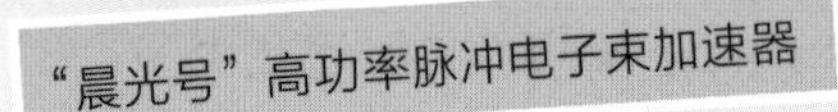
“晨光号”高功率脉冲电子束加速器

“闪光二号”高功率脉冲电子束加速器

1962年，我国科学家成功研制了第一台高功率X光机，其脉冲电压、脉冲电流和时间长度分别为1.6兆伏、5000安和400纳秒，为核武器研制做出了贡献。1976年，建成我国第一台高功率脉冲电子束加速器“晨光号”（1兆伏，2万安，25纳秒），应用于脉冲强辐射测试等方面。

1979年，我国科学家建成了“闪光一号”高功率脉冲电子束加速器（8兆伏，10万安，80纳秒），应用于 γ 射线模拟源。1990年，建成“闪光二号”高功率脉冲电子束加速器（0.9兆伏，0.9兆安，70纳秒），应用于核爆软X射线效应研究等。

1991年和1993年，先后建成3.3兆电子伏直线感应加速器（3.3兆伏，2000安，70纳秒）和10兆电子伏直线感应加速器（10兆伏，2000安，70纳秒），分别应用于自由电子激光和闪光X光照相研究。

2000年，建成世界上第一台多功能组合式高功率脉冲电子加速器“强光一号”（6兆伏，2兆安，20～200纳秒），应用于X射线效应等研究。2007年，建成国内第一台紧凑型小焦斑强聚焦脉冲X射线源“剑光一号”（2.4兆伏，5万安，60纳秒），应用于闪光照相研究。2006年，建成新型高功率电子束加速器（1兆伏，2万安，40纳秒，100赫），应用于高功率微波研究。

2004年和2015年，先后建成具有世界先进水平的“神龙一号”和“神龙二号”直线感应加速器，应用于先进的闪光X光照相。“神龙二号”是世界上首台可以单脉冲、双脉冲两种方式运行的大型脉冲强流直线感应电子加速器，其脉冲电压、电流和时间长度分别为0.9兆伏，90万安和70纳秒，性能居于国际领先水平。

“神龙二号”直线感应加速器

2014年，我国自主研发成功“聚龙一号”超高功率脉冲装置，在负载上实现了峰值10兆安、功率超过20万亿瓦，脉冲上升时间小于千万分之一秒的电流输出，技术指标达到国际同类装置先进水平，用于受控热核聚变研究和模拟核爆炸等。

“聚龙一号”超高功率脉冲装置

肿瘤克星：医用加速器

恶性肿瘤（癌症）已成为直接危害人们健康的第一杀手，人们往往会谈癌色变。那么恶性肿瘤有没有可能治愈呢？答案是肯定的。现代医学对于恶性肿瘤的治疗方法，主要有手术治疗、化学药物治疗和放射治疗三大手段。临床情况表明，有50%～70%的癌症患者需要不同程度地接受放射治疗。尤其是对于某些不宜做手术的患者和无法动手术的部位，放射治疗具有独特的优势。

放射治疗是利用放射性射线，包括X射线、电子、中子、质子和重离子等束流的生物效应来杀灭癌细胞，从而达到治疗的目的。放射治疗自X射线发现起，已有100多年的历史，从早年的放射性同位素Co-60，发展到现在的基于粒子加速器的图像引导立体治疗等先进的放疗技术，大大提高了治愈率，已成为肿瘤克星。用于放射治疗的加速器，主要有电子直线加速器和质子、重离子加速器。

目前医院的放射治疗，大多数是用能量为6～20兆电子伏的加速器电子束打靶产生的X射线进行治疗。国际上X射线放疗设备的主要生产商是瓦里安、东芝和医科达等。我国在1976年研制成功了第一台用于临床的医用电子直线加速器，经过40多年的发展，国产的医用加速器取得了长足进步，山东新华、上海联影、沈阳东软、江苏海明、广东中能和深圳海博等企业制造的医用加速器，装备了国内的许多医院，并开始出口国外，为肿瘤患者服务。

甘肃武威重离子治疗装置的同步加速器

这是一台世界上最紧凑的重离子治疗装置，同步加速器周长仅56米，由注入器、中能束流线、同步加速器、高能束流线和4个治疗终端组成，在完成设备检验和许可证审批后，已投入临床使用，在治疗恶性肿瘤中发挥重要作用。照片中，蓝色的为偏转磁铁，黄色的为聚焦磁铁，银色的为高频加速腔，重离子从加速器引出后，通过高能束流线输送到终端进行肿瘤治疗。

X射线治疗的一个缺点是在杀死肿瘤细胞的同时，也会伤害肿瘤照射野前后的健康细胞。用质子和重离子束进行放射治疗，能够把大部分能量作用于其射程的终点附近，可以消灭人体深部的肿瘤组织和细胞，而对肿瘤附近的健康组织与器官损伤则很小。由于造价和运行费用较高，当前世界范围内仅有约50台质子重离子治疗设备。在国内，中国科学院近代物理研究所开展了重离子临床治疗，现正在为医院建造2台重离子治疗加速器装置；上海应用物理所也研制成功了1台质子治疗装置，其中包括先进的六维可调的治疗头设备。

放射处理：辐照加速器

2017年3月7日，国际原子能机构的官网发布了一条关于中国首座电离辐射废水处理厂投产的报道。这台示范装置由中广核达胜加速器技术有限公司和清华大学共同研发，每天可以处理废水1500 ~ 2000吨。

电离辐射究竟是一项什么样的技术呢？大家知道，在工业污水中包含各种杂质，用常规技术很难处理残留的有机物等顽固性污染物。加速器束流产生的电离辐射能量，远高于化学反应的自由能，因而可以实现一般化学反应无法产生的效应。在这项技术中，将加速器产生的电子束流照射到工业废水里，由于电离辐射引发一系列的化学反应，分解生成的强氧化物质与水中的污染物和细菌等相互作用，达到氧化分解和消毒的目的，实现污染物的消除。

电子束处理污水是一种节能、高效、环保的技术手段，具有适应面广、反应速度快、降解能力强和处理效率高等优点。废水经过电子束辐照处理后，不会有残余放射性。这种装置可以应用于造纸、化工、制药等行业，以及水质复杂的工业园区的废水处理，还可用于一些特殊废物的无害化处理，从而使废水不废，实现水资源的高效利用。电子束辐照技术作为处理难降解废水的一种重要解决手段，被国际原子能机构列为21世纪和平利用原子能的主要研究方向之一，具有广阔的应用前景。据统计，我国平均每天工业废水的排放量约为6000万吨，每套电子束辐照装置处理能力5000吨/天，按照5%的工业废水采用电子束辐照技术处理估算，大约需要这样的电子束辐照装置600套，市场规模达100亿元，具有广阔的推广应用前景。

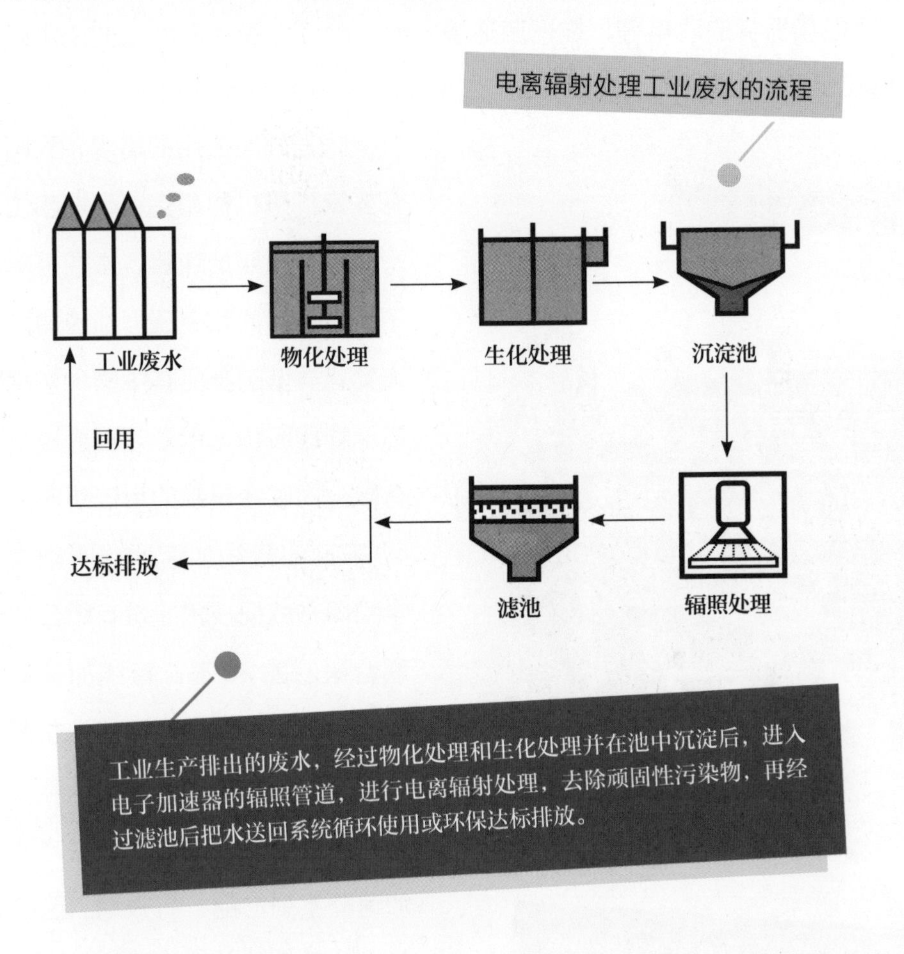

电离辐射处理工业废水的流程

工业生产排出的废水，经过物化处理和生化处理并在池中沉淀后，进入电子加速器的辐照管道，进行电离辐射处理，去除顽固性污染物，再经过滤池后把水送回系统循环使用或环保达标排放。

工业废水处理只是辐照应用的一个例子。利用束流电离辐射的物理、化学、生物等效应，辐照加速器广泛应用于工业、农业、医疗卫生和资源环境等领域。在工业上，辐照加速器应用于材料改性和辐照化工，如通过辐照使高分子材料产生交联，可以增加其强度、寿命和

增强性能。经过辐照的电缆，具有更好的热稳定性、阻燃性和化学稳定性，用于建筑、机场、国防等特殊要求的场所。辐照加速器在农业方面，应用于辐照育种和食品保鲜等；在医疗卫生方面，应用于医疗用品和器械的消毒等；在资源环境方面，除了上面谈到的工业废水处理，还有烟道脱硫、脱硝等。

根据辐照应用的需求，我国有多家科研机构和企业研发和生产了各种辐照加速器，主要有电子直线加速器和高压型加速器两大类。典型的产品有中国科学院高能物理所和无锡爱邦辐射技术有限公司联合研制的束流功率为40千瓦的直线加速器，清华大学和同方威视技术股份有限公司联合研制的20千瓦直线加速器等。原子能科学研究院、山东蓝孚股份有限公司和中广核达胜加速器技术有限公司等企业生产的加速器系列产品，有效地满足了国内的需求并开拓了国际市场。

40千瓦辐照加速器

基于北京正负电子对撞机发展的电子直线加速器技术，中国科学院高能物理研究所与无锡爱邦公司联合研制了电子束能量为10兆电子伏、束流功率为15～40千瓦的系列化辐照加速器，主要应用于工业辐照。

近年来，辐照加速器在食品工业、消毒灭菌和烟气处理等方面的应用快速增长，成为卫生健康和环境保护方面的得力助手。

用于辐照处理的电子直线加速器

左图：原子能科学研究院研制的10兆电子伏/15千瓦加速器；右图：同方威视公司生产的4.5兆电子伏/2千瓦邮件灭菌加速器系统。

用于烟气处理的高电压型加速器

左图：加速器在现场安装；右图：用于电子束烟气处理的1.2兆电子伏/50毫安加速器在工作中。

国芯重器：离子注入机

集成电路芯片是信息时代的核心部件，集成电路制造技术代表着当今世界超精密制造的最高水平；集成电路产业已成为影响社会、经济和国防的安全保障与综合竞争力的战略性产业。长期以来，我国集成电路产业受到西方在先进制造装备、材料和工艺等方面的种种制约，

离子注入机示意图

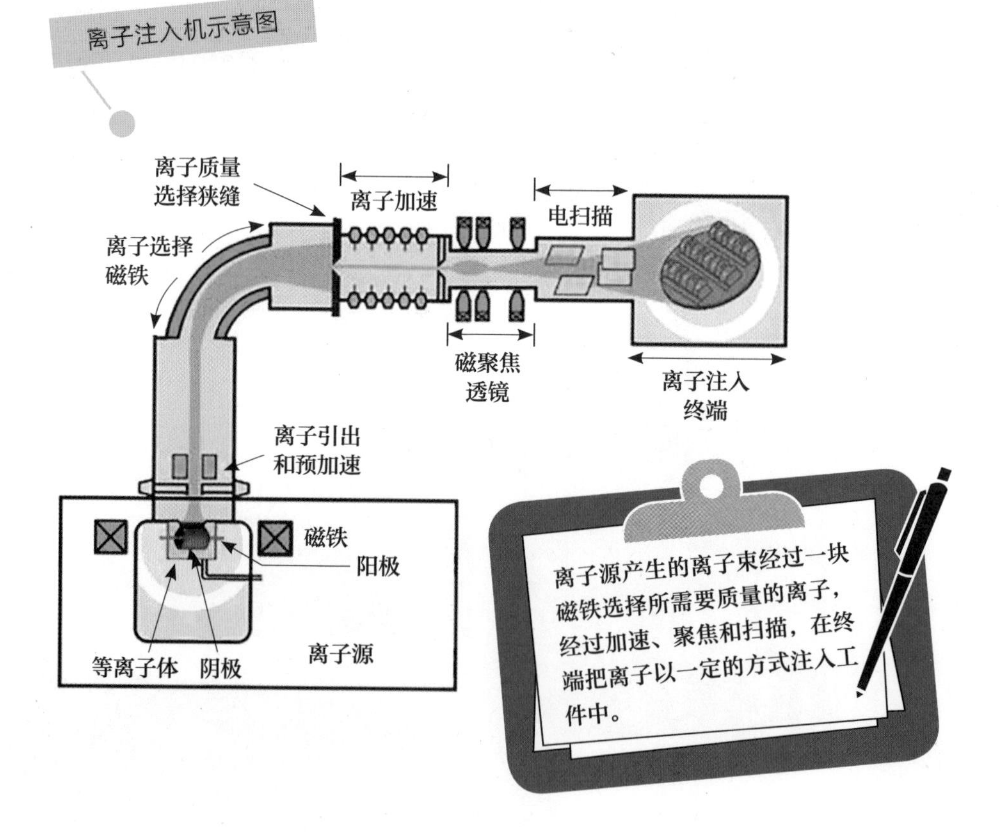

计算机、仪器仪表和手机等电子设备上使用的高端芯片主要依赖进口。我国每年要花费数千亿美元的外汇进口集成电路产品，在产业竞争中不时被发达国家“卡脖子”。

离子注入机是在加速器技术的基础上发展起来的，它可以产生并加速各种离子，用以对半导体表面附近的区域进行掺杂，改变半导体载流子浓度和导电类型，满足浅结、低温和精确控制等要求，已成为集成电路制造工艺中必不可少的设备。

早在1950年，美国贝尔实验室就开始利用离子束注入技术改善材料特性并对半导体进行掺杂。经过几十年的发展，国际上离子注入机技术已日趋成熟并高度产业化。目前以瓦里安、阿克赛利斯和汉辰科技等公司为代表的国际大企业，可以批量生产各种类型的高精度和高度自动化的离子注入机，包括超低注入能量、超大注入剂量和其他个性化产品，广泛应用于半导体器件制造、材料改性研究与加工，以及太阳能电池生产等领域。

我国的离子注入机从20世纪70年代起步。近年来，在国家专项的支持下，国产离子注入机取得了长足的发展。中电科电子装备集团公司成功研发出适用于超大规模集成电路生产线上的28纳米离子注入机，实现了核心零部件国产化与整机制造工程化，并成功进入中芯国际的芯片生产线。28纳米指集成电路工艺光刻所能达到的最小线条宽度，线宽越小意味着集成度越大，性能就越好。

实际上，离子注入机是一种低能量小型离子加速器，它的主要部件包括离子源、加速聚焦系统、真空系统、分析磁铁和束流扫描系统

等都安装在设备柜里，十分紧凑和精巧，所以长得不像之前章节展示的加速器的样子。操作人员只要按动控制系统的按键就能方便地进行工作，进行集成电路的生产。由此看来，离子注入机真是名副其实的国芯重器。

神奇侦探：无损检验加速器

我们在体检时都做过X光透视。当X射线穿过人体时，由于人体不同密度部位对射线的吸收情况不同，就会在荧光屏或胶片上显示出深浅不同的影像，有助于医生发现体内器官里的病灶。在这种医用X光机里的X光管，也可以被看作是一台迷你的应用加速器：阴极产生的电子束在电场作用下得以加速，轰击阳极钨靶原子核，产生X射线。但是，X光管的阴极和阳极之间施加的电压比较低，通常为1万伏左右，电流也比较小，产生的X射线的能量和强度都比较低，因此无法穿透较厚的被测工件进行透视检查。

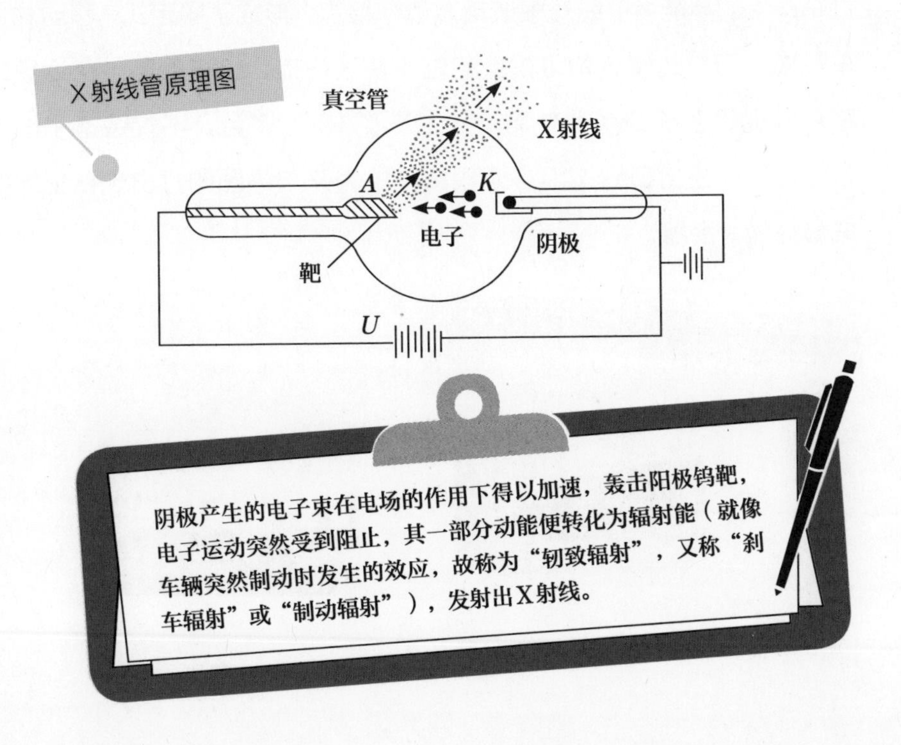

阴极产生的电子束在电场的作用下得以加速，轰击阳极钨靶，其一部分动能便转化为辐射能（就像电子运动突然受到阻止，故称为“韧致辐射”，又称“刹车辐射”或“制动辐射”），发射出X射线。

利用加速器产生的兆电子伏级能量（1 ~ 20兆电子伏）的电子束打靶，能产生穿透力很强的高能X射线，用于给大型物件做透视，检测集装箱、大型铸造件、发动机和导弹等工件的内部结构，广泛应用于工业、海关、航天和国防等领域。目前世界各国均在无损检测的研发上持续投入，包括研制多能量挡的加速器、先进的探测器，发展降噪处理算法和高性能的系统控制等。

在无损检测领域，中国的技术研发和设备生产都居国际前列。清华大学和同方威视公司成立了联合研究所，共同研发了多种产品，其中集装箱检测系统远销100多个国家和地区，占据了世界第一大的市场份额。同方威视公司、四川中物仪器公司和北京固鸿科技公司成功开发了系列的工业CT产品。此外，北京机械工业自动化研究所等单位也开发了高分辨率的无损检测设备。

同方威视大型集装箱检测系统采用3 ~ 9兆伏的电子直线加速器打靶产生的高能X射线对集装箱做透视检查，形成了固定式、移动式、车载式、门户式装置和可重新定位、快速扫描、火车检测、空运集装箱和双视等系统的系列产品，共生产了1000多台，不仅装备了国内各个海关，还出口到140多个国家，成为来自中国的打击走私犯罪的威慑性强大武器。

同方威视大型集装箱检测系统系列

固定式系统

移动式系统

车载式系统

可重新定位系统

火车检测系统

快速扫描系统

门户式装置系统

空运集装箱系统

双视系统

大型集装箱里的物件在高能X射线透视下一览无余

利用加速器产生的高能X射线，还可以像医生给患者做CT检查那样，做成工业CT，对大型工件做CT断层测量。与普通的透视不同，在做CT检查时，工件要做螺旋运动，由探测器阵列获取信号，经成像处理后，得到工件的断层图像。

中国科学院高能物理所研制的基于能量为9兆电子伏电子直线加速器的工业CT

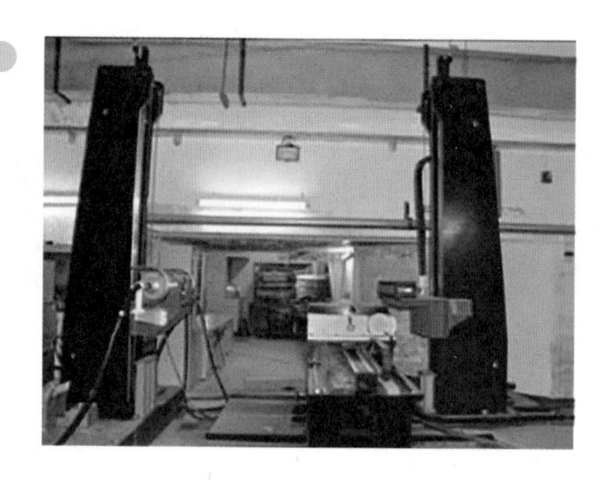

明察秋毫：加速器质谱

2019年7月6日，在第43届世界遗产大会上，中国向联合国教科文组织申报的“良渚古城遗址”成功入选《世界遗产名录》，成为我国第37处世界文化遗产。良渚这座江南古城，一时间吸引了全世界的目光。良渚古城位于杭州北郊余杭区境内，这里出土了大量新石器时代的珍贵文物，年代为公元前3300年至公元前2000年。良渚古城印证了中华文明和埃及文明、两河文明处在相同时间点上的历史。良渚遗址发现已有80多年，特别是在近10年里取得了“石破惊天”的结果，其中基于加速器质谱（AMS）的C-14测年，为这项考古增添了高科技的翅膀。

知识链接

通过系统的C-14年代学测定，结合地层学、类型学等手段，证实良渚古城各子系统中，最早营建水利设施和莫角山宫殿、反山王陵、瑶山祭坛等建筑，其次营建内城墙，最后营建外郭城的基本顺序。良渚古城外围拥有一个由11条坝体构成的庞大的水利系统，具有防洪、运输和灌溉等综合功能。北京大学对于水坝的C-14样品测年结果表明，该系统建于距今4700 ~ 5000年，属于良渚文化早中期。这是迄今发现的中国最早的大型水利系统，比大禹治水早了约1000年，也是世界最早的拦洪大坝系统。

那么，C-14测年是怎么一回事呢？自古以来，地球一直受到来自宇宙深处射线的不断照射。当宇宙线中的中子击中大气的氮原子核时，会发生核反应，产生质量数为14的碳同位素C-14。C-14和碳的其他同位素一起被氧化形成二氧化碳，扩散到整个大气层中，并通过大气与水体的二氧化碳交换、植物光合作用和动物对植物中碳的摄入与吸收等过程，进入动植物体内。经过这样的开放循环，在自然界中碳的各种同位素成分的比例，处于相对稳定的平衡态。C-14是一种不稳定的同位素，当动植物死亡后，就停止了与外界的碳交换，其中的C-14与碳的稳定同位素C-12的比例就会逐渐减少。C-14衰变到原有总量一半的时间（称为半衰期）是5692年，因此只要测量有机物样品中C-14所占的比例，就可以推算出它经过了多长时间的衰变，从而得出样品所属物品的年代。

C-14在自然界的循环示意图

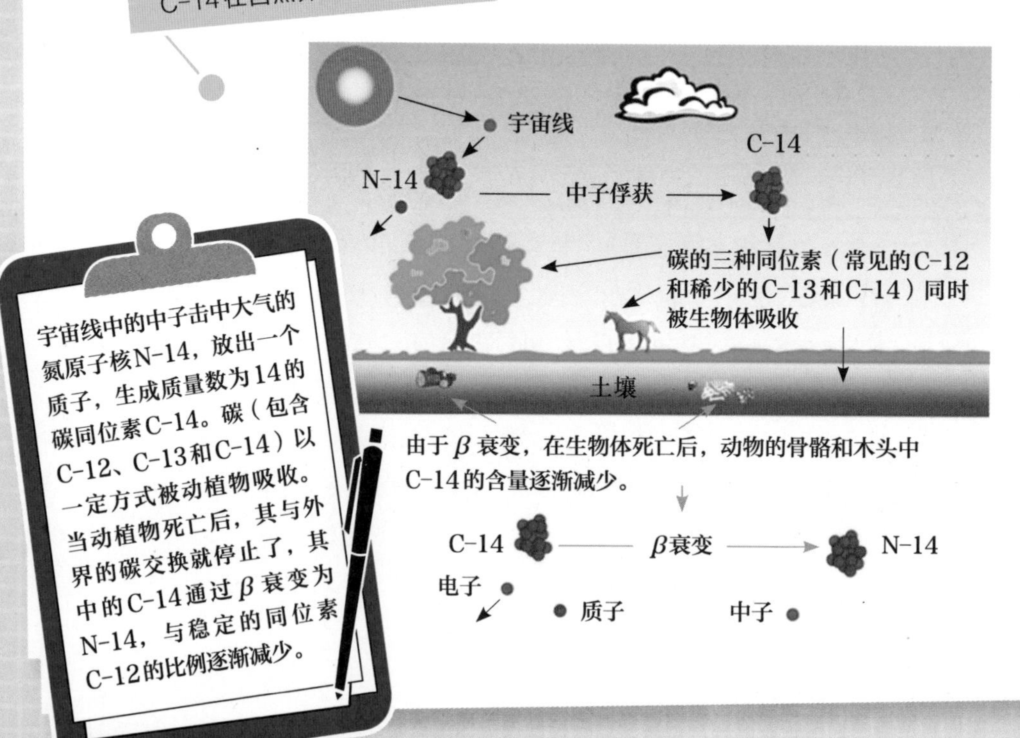

可是，在样品中C-14的含量极其微小，用什么办法才能把这个数量测出来呢？加速器质谱就是一种精确测量微量元素的利器。质谱分析是一种测量离子荷质比（电荷与质量的比值）的方法。在质谱仪中，将试样在离子源中电离，生成不同荷质比的离子束，经过磁铁偏转就能测量各种粒子质量和含量。加速器质谱与常规质谱的不同之处在于它可以把粒子束加速到数十万到上百万电子伏量级，这样就能突破普通质谱的同量异位素和分子本底干扰的影响，使测量灵敏度大大提高，同位素的丰度比可以小到10^{-15}，可谓明察秋毫。由于灵敏度高，AMS测量所需样品量很少，可以少到纳克（1纳克＝10^{-9}克）量级。这一点对于珍贵的待测物品来说尤其重要。由于不同放射性同位素的半衰期有很大的不同，适当选择目标元素，就能满足各种不同年代样品的测年要求。

加速器质谱结构示意图

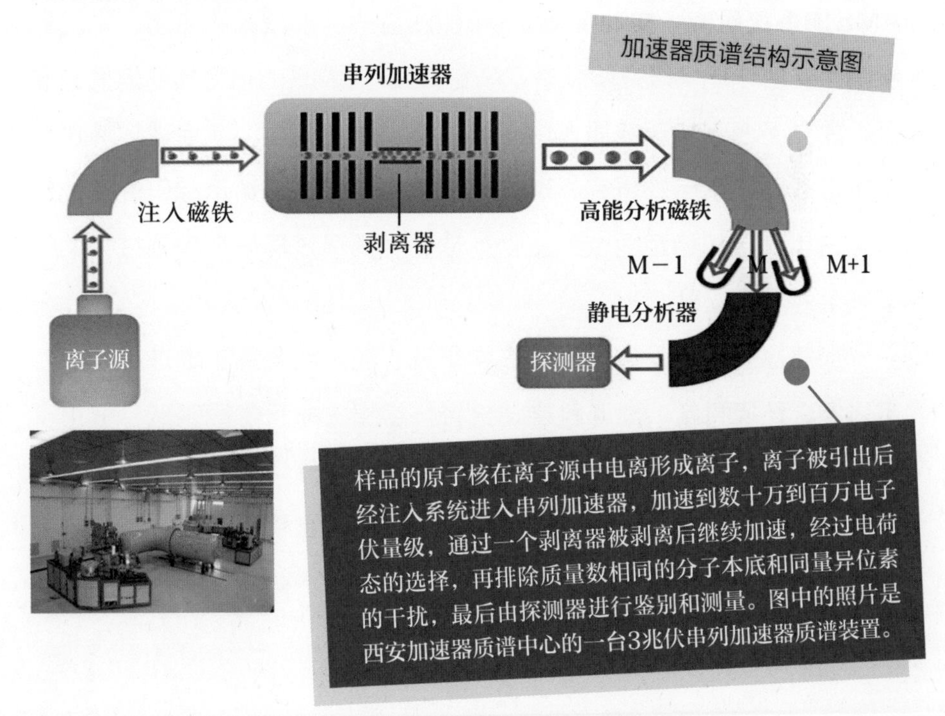

样品的原子核在离子源中电离形成离子，离子被引出后经注入系统进入串列加速器，加速到数十万到百万电子伏量级，通过一个剥离器被剥离后继续加速，经过电荷态的选择，再排除质量数相同的分子本底和同量异位素的干扰，最后由探测器进行鉴别和测量。图中的照片是西安加速器质谱中心的一台3兆伏串列加速器质谱装置。

1977年，科学家首次利用离子加速器对C-14等样品进行了测量，从此基于各种类型的加速器的质谱技术迅速推广起来，在全世界建立了许多加速器质谱实验室。据2013年的统计，世界上的加速器质谱装置已超过100台。近年来，加速器质谱测量装置向小型化、标准化和便利化发展，性能不断提高，灵敏度、精确度和工作效率大大提高，测量的核素从C-14扩展到Be-10、Al-26、Ca-41、I-129、U-239等数十种，它们的半衰期长短各不相同，适用于不同年代样品的测年。

我国的AMS研究和应用也取得了长足的发展。北京大学的重离子实验室拥有一台6MV的串列加速器和一台0.4MV的AMS专用加速器，对多个古代遗址进行了测年，为建立殷商周年代框架做出了重要贡献。中国原子能科学研究院在13MV的静电串列加速器上开展了AMS的系统研究，实现了AMS所能测量的全部核素的应用。中国科学院西安地球环境研究所装备了一台专用于3MV的串列加速器质谱装置，建立了西安加速器质谱中心，对广大用户开放，在地球环境过程的宇宙成因核素示踪研究、现代环境过程放射性核素示踪研究、地质与考古年代学和稳定同位素生物地球化学循环过程研究等领域，取得了一系列重要成果。

加速器质谱不仅应用于考古学研究，还广泛应用于地球科学、宇宙化学、环境科学、海洋科学、材料科学和生命科学等领域，取得了许多重要的成果，包括全球变化研究中最基本的年代标尺的建立、古地磁场变化及气候突变事件的定年和示踪、宇宙事件研究、核污染源追踪、全球气候变化、环境示踪与监测、全球水循环和新药研制中的微计量示踪等。

第四章

新型加速器

现有的加速器，利用直流高压电场或高频微波电场加速粒子，受介质击穿场强的限制，影响了加速效率的进一步提高。随着束流向更高能量的挺进，加速器的规模和造价也节节攀升。为了探索更有效的加速器原理，科学家提出了许多方案，并开展实验研究。在这一章里，我们将介绍束流和激光驱动的新型加速器的原理和实验，重点讲述激光金属结构尾场加速器、激光电介质尾场加速器、激光离子加速器和激光加速正负电子对撞机。

高能量前沿呼唤新型加速器

从核物理到粒子物理研究的需求，推动了加速器性能的不断提升。束流能量的不断攀登，与加速器原理的发展紧密相关。

粒子加速器问世以来能量的攀升

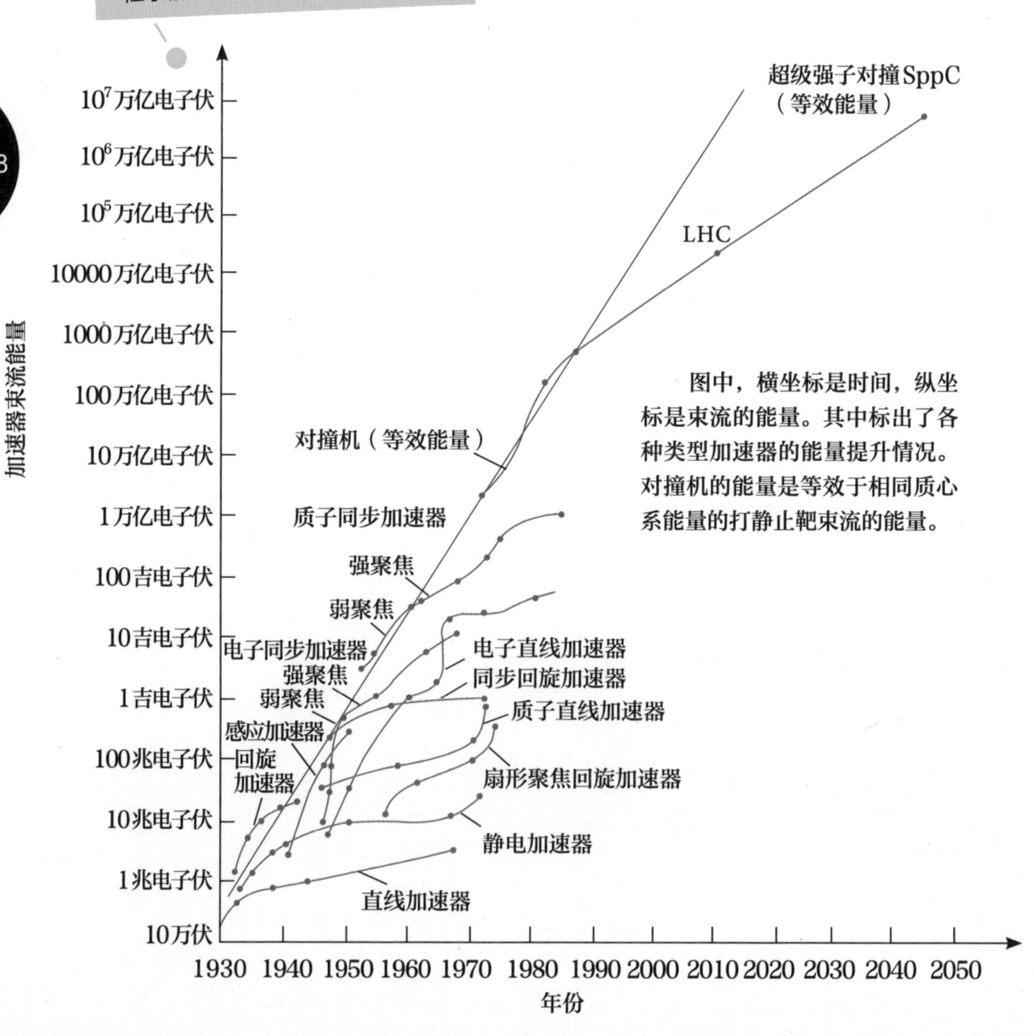

我们通过上页的图片，复习一下第一章讲述的粒子加速器的发展历史。1931年，范·德·格拉夫建成的静电加速器和1932年考克饶夫建成的倍压加速器，都是采用直流高电压加速带电粒子的高压型加速器。为了克服直流高压加速器击穿电场的困境，1932年劳伦斯等人发明了回旋加速器，利用垂向磁场偏转粒子轨道，用高频电场加速粒子，使之沿螺旋形轨道回旋得到多次加速。由于在回旋加速器中主导磁场和高频电压的频率都保持恒定，随着束流加速，其轨道半径会越来越大，每一圈到达加速间隙的电压都不一样，这个现象称作滑相，使得束流得到的加速逐圈减小，最后就无法加速了。

为克服回旋加速器中滑相的限制，韦克斯勒和麦克米伦提出了自动稳相原理，促进了同步回旋加速器和后来同步加速器的发明。在同步加速器里，磁铁的磁场和高频加速腔的频率都随束流的能量同步增加，从而将束流轨道控制在一个环形的真空盒里，达到了既减小设备体积，又提高粒子能量的目的。

为进一步减小设备体积、节省投资和提高能量，在20世纪50年代初，库朗特等人提出了强聚焦加速器原理，将聚焦和散焦的磁铁沿束流轨道适当排列，使粒子在垂直于前进方向的横截面内实现更强的聚焦作用，从而减小环形束流管道的横截面尺寸和安装在真空管道上各种磁铁和部件的尺寸。

为满足高能物理实验对更高有效作用能量的要求，科学家提出了通过高能粒子束对撞来提高有效作用的概念。在对撞机里，两束相向运动的高能粒子互相对头碰撞，取代单束高能粒子轰击静止靶的实验方式，从而大大提高了有效相互作用能量。

由此可见，20世纪30年代以来，正是由于加速器原理的不断发展，束流的能量得以每10年提高一个数量级。然而，人类对于物质微观结构的探索没有止境，科学研究要求加速器提供更高的能量。从图中可以看出，从20世纪90年代开始，束流能量提高的速度就开始减慢，明显偏离了10年一个数量级的趋势（图中的红线）。即便按预想的计划，在2040—2050年建成质心系100万亿电子伏超级质子-质子对撞机SppC，对应的等效质子束流能量（即质心系能量的平方除以两倍的质子静止能量）也只有5.3×10^6万亿电子伏。而这台对撞机的周长已经达到100千米。如果需要进一步提高束流的能量，采用常规加速器原理就难以实现了。

更高能量的前沿呼唤新的加速器原理，呼唤新型加速器的诞生。

束流驱动与激光驱动的新型加速器

科学家为探索新的、更有效的加速器原理不懈努力，提出了许多种方案，并开展实验研究。这些方案按驱动功率（对应常规加速器的高频功率源）分，有激光和束流两种；按电磁场载体（对应常规加速器的高频腔）分，主要有金属结构、电介质和等离子体三种。这样组合起来，主要就有表格中列出的六种新型加速器：激光金属结构尾场加速器、激光电介质尾场加速器、激光等离子体尾场加速器和束流尾场变换加速器、束流电介质尾场加速器、束流等离子体尾场加速器。从电磁场载体类型来看，金属结构表面容易打火，极限加速场强相对比较低，小于0.5吉伏/米；电介质不导电，击穿电压可达5吉伏/米；而等离子体已经是电子和离子的混合体，工作场强取决于选取的密度和自身的不稳定性等因素，可高达1000吉伏/米。

新加速器原理的分类

		驱动功率类型		极限场强（吉伏/米）
		激光	束流	
电磁场载体	金属结构	激光金属结构尾场加速器	束流尾场变换加速器	< 0.5
	电介质	激光电介质尾场加速器	束流电介质尾场加速器	5
	等离子体	激光等离子体尾场加速器	束流等离子体尾场加速器	1000

束流驱动与激光驱动的两大类新型加速器都在研究之中，两者有相似之处，特别是在尾场的产生和工作机制方面。这里说的尾场，就是激光和束流通过介质后激起的电磁场，就好比快艇在水中产生的尾波那样。

快艇在水中产生的尾波

激光或束流在介质中产生的尾场

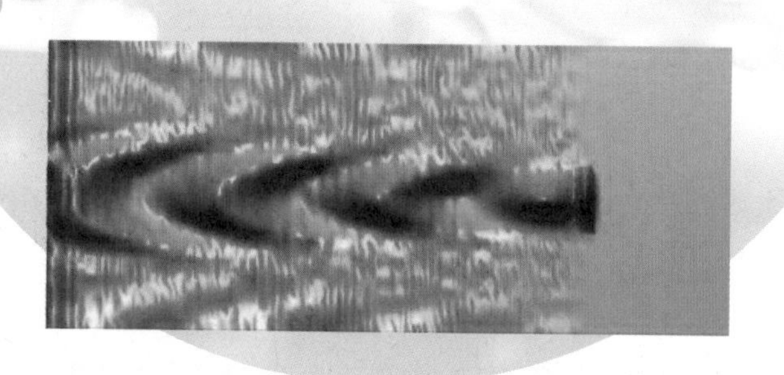

在束流驱动方面，最著名的是欧洲核子中心的紧凑型正负电子直线对撞机（CLIC）。由于束流仍需要常规的加速器产生，因能量守恒，要获得数倍高的加速梯度至少需要相同倍数高流强的驱动束流。下面，我们重点讨论激光驱动的新型加速器。

欧洲核子中心正在研究中的紧凑型正负电子直线对撞机（CLIC）示意图

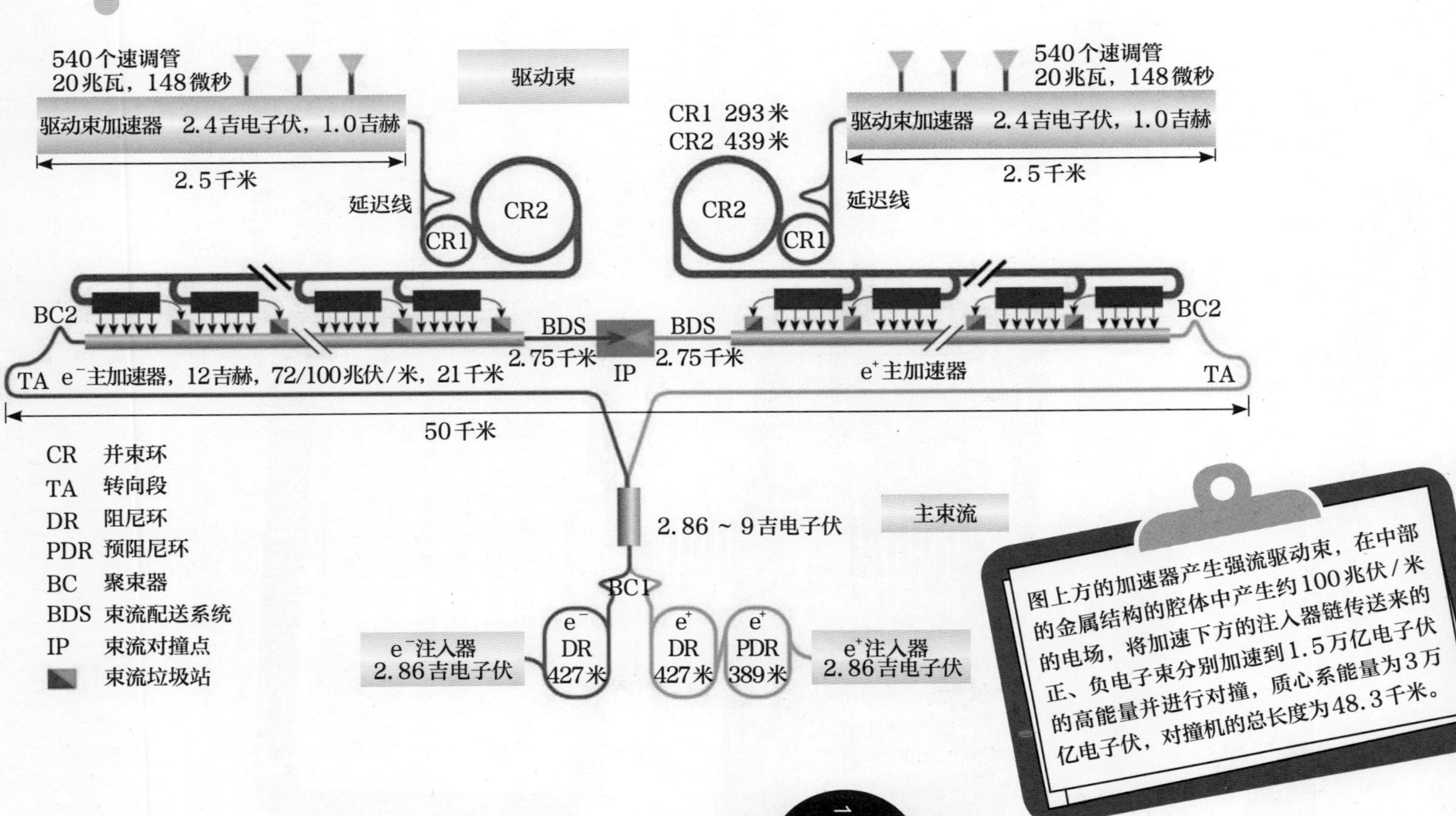

图上方的加速器产生强流驱动束，在中部的金属结构的腔体中产生约100兆伏/米的电场，将加速下方的注入器链传送来的正、负电子束分别加速到1.5万亿电子伏的高能量并进行对撞，质心系能量为3万亿电子伏，对撞机的总长度为48.3千米。

激光和激光加速器

世界上第一台激光器

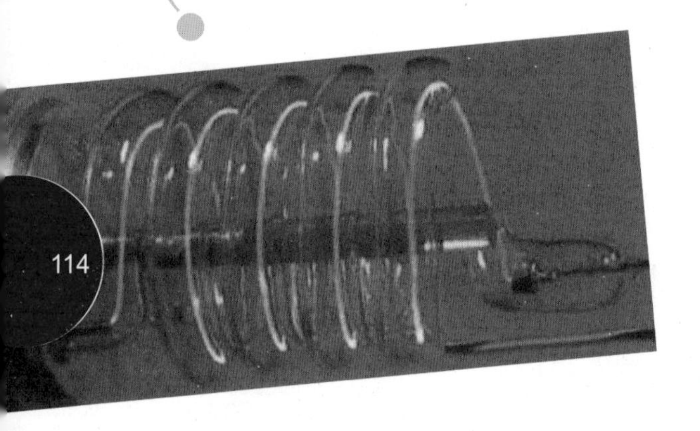

这是一台以红宝石为工作物质的激光器，它利用一个高强闪光灯管激发工作物质，当红宝石受到激励时就会产生受激辐射。在一块表面镀上反光镜的红宝石的表面有一个孔，激光从这个孔射出，波长为6943埃（1埃 = 1×10^{-10}米）。

激光是一种原子在受激辐射过程中产生并被放大的光，具有高亮度、单色性、方向性和相干性等特点。世界上第一台激光器是美国物理学家西奥多·梅曼（Theodore H. Maiman）于1960年研制成功的。激光的优异性能，使其广泛地应用于工业、医疗、航天、国防和科学研究等诸多领域。而激光技术的发展，也为包括激光加速在内的强场物理研究提供了极好的机遇。近年来，啁啾脉冲放大技术的发明和发展，把激光器的脉冲功率推进到拍瓦（1拍瓦=1×10^{15}瓦）量级。2018年的诺贝尔物理学奖授予三位“在激光物理领域有突破性发明”的科学家。其中热拉尔·穆鲁（Gerard Mourou）和唐娜·斯特里克兰（Donna Strickland）就是啁啾脉冲放大技术的发明人。超强超短激光的出现和发展，提供了前所未有的极端物理条件与全新的实验手段。

啁啾脉冲放大技术示意图

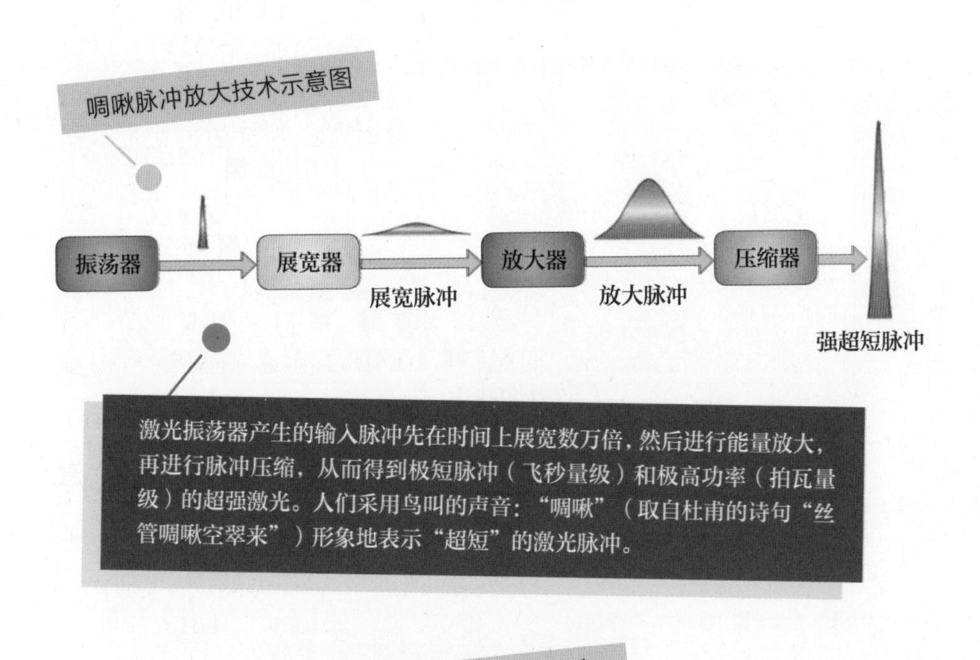

激光振荡器产生的输入脉冲先在时间上展宽数万倍，然后进行能量放大，再进行脉冲压缩，从而得到极短脉冲（飞秒量级）和极高功率（拍瓦量级）的超强激光。人们采用鸟叫的声音：“啁啾”（取自杜甫的诗句“丝管啁啾空翠来”）形象地表示“超短”的激光脉冲。

中国科学院精密机械和光学研究所的一台2拍瓦超强激光器

超强激光脉冲功率随年代的提高

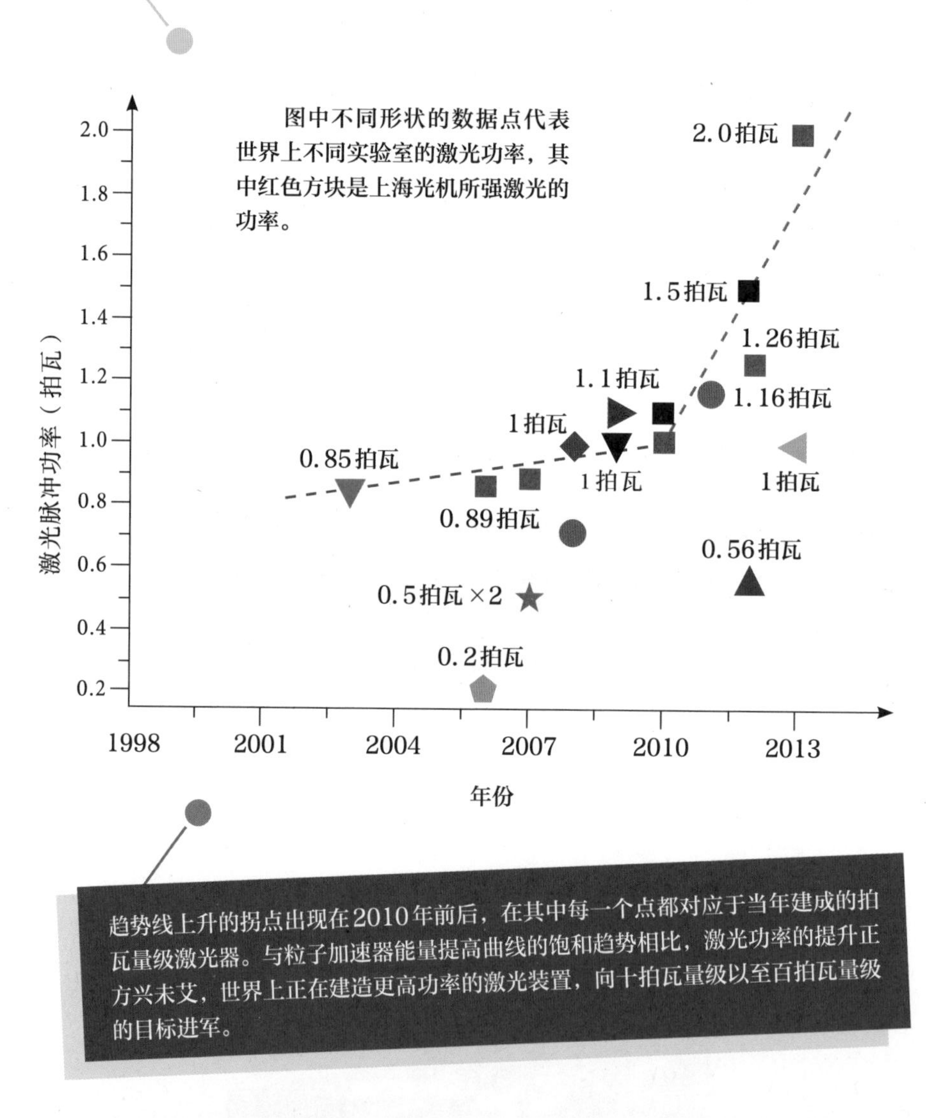

趋势线上升的拐点出现在2010年前后，在其中每一个点都对应于当年建成的拍瓦量级激光器。与粒子加速器能量提高曲线的饱和趋势相比，激光功率的提升正方兴未艾，世界上正在建造更高功率的激光装置，向十拍瓦量级以至百拍瓦量级的目标进军。

我们来看看功率为1拍瓦的激光究竟有多强。如果把激光束聚焦到半径为6微米的光斑上，容易算出这束激光的功率密度高达10^{21}瓦/厘米^2，这相当于把地球接收到的太阳总辐射聚焦到头发丝那样细时的功率密度。当然，超短脉冲激光持续的时间极短，为飞秒量级，平均的功率仍然只是瓦的量级。我们还可以算出，这样的激光束具有10^{12}伏/厘米的超高电场和10万特的超强磁场。可以想象，采用如此强的激光来加速带电粒子，有望获得非常高的加速梯度，在很短的距离内就有可能把束流加速到很高的能量。

但事情并不是那样简单。一方面，激光在真空里以光速传播，而粒子的运动速度总是低于光速，如何保持加速电磁场的同步就是一个难题。另一方面，激光作为电磁波，它是一种横波，也就是说在激光中的电场和磁场与激光发射的方向是垂直的，因此不能直接用来加速带电粒子。虽然现在已能用特殊方法产生纵波激光，但仍处在研究阶段。

然而，科学家没有被这两个问题难倒，他们想了许多办法，产生与束流运动相同方向的电场分量并与束流的运动保持同步。这些方法，就是之前提到的采用各种电磁场载体，主要有金属结构、电介质和等离子体三种。下面，就让我们一起来看看，激光和这些载体一起如何使束流得以加速的。

激光金属结构尾场加速器

激光加速粒子的关键是产生与束流同步的纵向电场。激光金属结构尾场加速器利用光栅等器件，让聚焦激光以束流运动方向一定的夹角入射，从而产生纵向的慢波分量。

在光栅加速器里，电子束从一组金属光栅构成的真空通道中心进入，激光束通过柱状的聚焦透镜以一定的夹角射入光栅，在光栅的表面形成低于光速的纵向电场分量。适当选择激光的入射角和光栅的参量，就能实现持续的加速。

光栅加速器

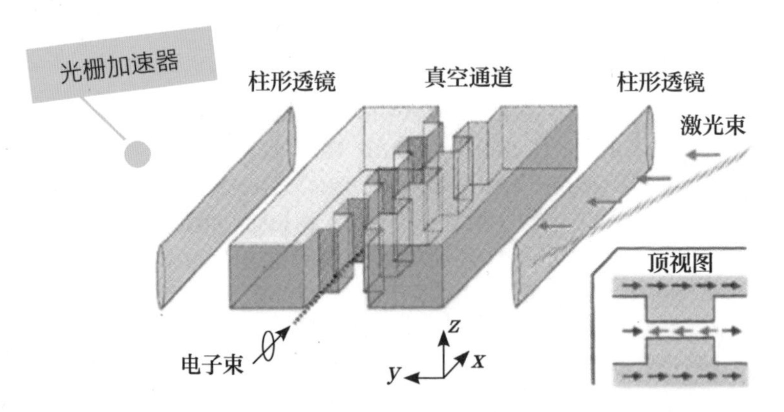

光栅加速器的工作原理示意图

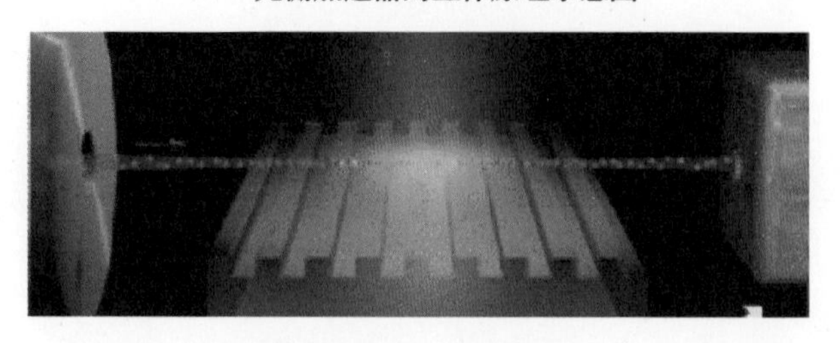

激光和束流射入光栅的情形

从20世纪70年代光栅加速器的概念被提出以来，科学家开展了一系列理论和实验研究，在实验室里取得了一些进展，验证了其工作原理。但受到金属表面击穿场强的限制，这种加速器并没有得到真正的发展。

虽然激光-光栅加速没能真正用于粒子加速器，但人们从其原理中得到了有益的启发，应用于其他类型的激光金属结构加速器。逆自由电子激光加速器就是其中的一种。

前面我们讲述过自由电子激光的工作原理，它是利用加速器产生的相对论性电子束通过波荡器的周期性磁场，与光辐射场相互作用，将电子的动能传递给光辐射而产生激光的。而逆自由电子激光加速器是把这个过程反过来，也就是把激光的能量传递给电子：适当选择波荡器的参量，使电子束在周期性磁场的作用下做扭摆运动，实现与激光的加速电场同步，从而得到持续的加速。

逆自由电子激光加速实验装置示意图

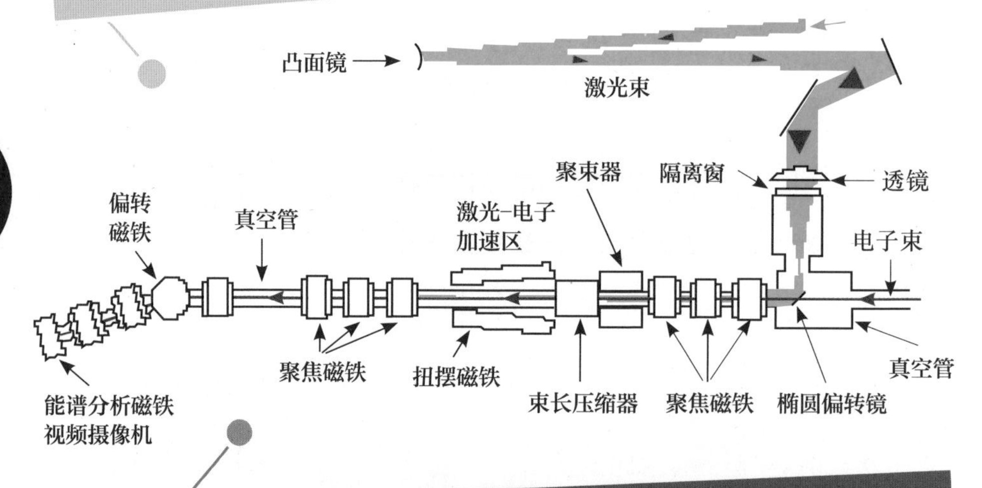

一台二氧化碳激光器产生的强激光束（图中蓝色）从上部经透镜系统入射，与电子束同轴进入真空管道，在磁波荡器里电子束与激光相耦合，对电子进行加速。在束流线上安放了聚焦磁铁和能谱仪，测量电子束的能谱。这台装置在25厘米的距离内将电子束从15兆电子伏加速到35兆电子伏，加速梯度为80兆电子伏/米。

在世界上有多个实验室开展了逆自由电子激光加速的实验研究。这种加速器具有能量转换效率高的优点，但电子束在波荡器里的轨道上扭摆，会引起同步辐射的能量损失，因此适用于中低能的激光加速器，如高能电子加速器的注入器等。

激光电介质尾场加速器

电介质具有很高的电场击穿限，并且具备工业技术的支持，有多种材料可以选用。因此，激光电介质尾场加速器可以实现高梯度、高性能和小型化。

激光电介质尾场加速器在技术上的挑战，主要是如何使束流准确地进入微米量级的电介质结构，并与激光产生的尾场相互作用，还有微米量级的电介质结构在强激光作用下的发热等问题。因此，激光电介质尾场加速器主要应用在小型化、低平均功率的情况。图中展示了一台基于激光电介质尾场加速器的自由电子激光设想示意。

小型化的电介质尾场结构

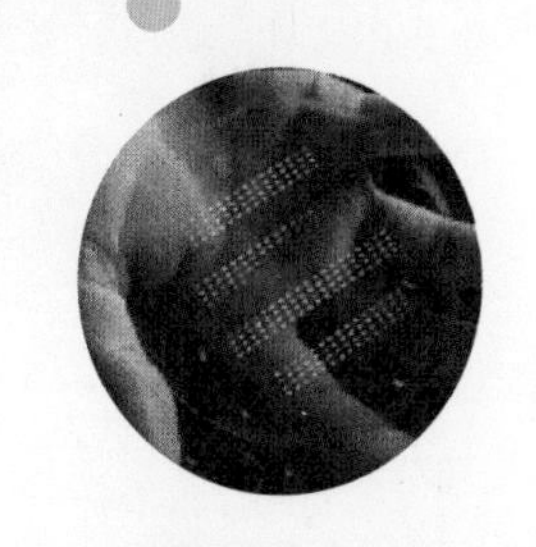

图中彩色的条纹就是刻蚀在电介质极板上的加速结构。

激光电介质尾场加速梯度与激光能量的关系

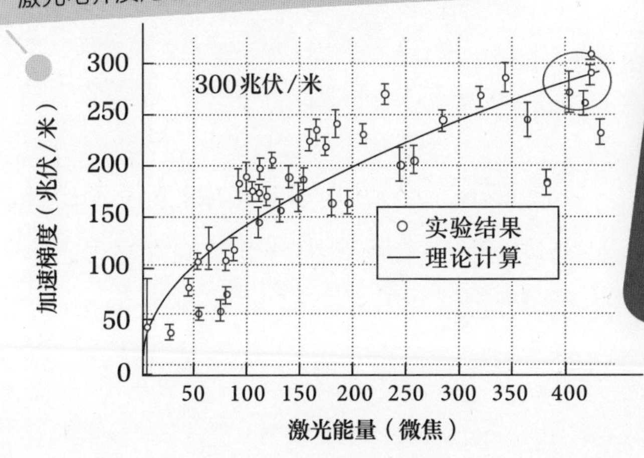

从图中可见，实验与理论计算相符，在激光能量为400微焦时，加速梯度接近300兆电子伏/米。

基于激光电介质尾场加速器的自由电子激光设想示意图

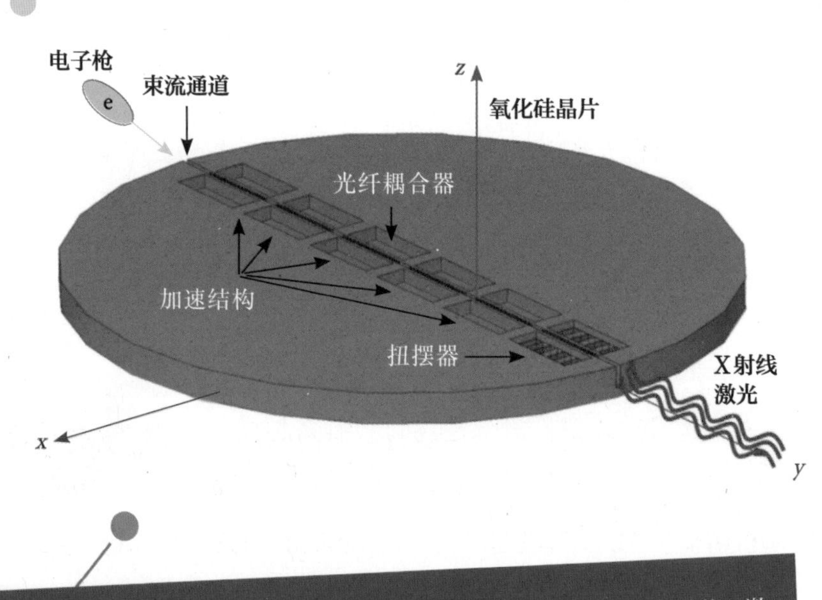

电子枪产生的电子束经过刻蚀在二氧化硅晶片上的通道，进入加速结构；激光通过光纤耦合到加速结构上，对电子束进行加速；得到加速的电子在扭摆器上与光场相互作用，产生X射线自由电子激光。

激光等离子体尾场加速器

等离子体是一种自由电子和带电离子组成的物质形态。激光等离子体尾场加速器利用激光在介质中产生等离子体波来加速带电粒子。因为激光具有很高的电磁场，而加速介质为已经电离的等离子体，所以不存在传统加速器金属结构被击穿的问题。因此，利用强场激光激发形成等离子体波，就有可能产生很高的电场，在很短的距离内把带电粒子加速到高能量，也就是说具有很高的加速梯度。激光等离子体尾场加速器的概念是两位美国科学家田岛（T. Tajima）和道森（J. M. Dawson）于1979年提出的。按照他们的理论，纵向加速电场正比于等离子体密度的开平方，如果采用密度为每立方厘米10^{18}的等离子体，最高能产生100吉伏/米的纵向加速电场，为常规加速结构中电场（<100兆伏/米）的1000倍以上！

自从激光等离子体尾场加速的概念被提出以来，美国、英国、法国和中国等国许多实验室的科学家开展了相应的理论和实验的研究，取得了令人鼓舞的进展。2004年的一期《自然》杂志以“梦幻束流”的封面，报道了英国卢瑟福实验室（RAL）、美国劳伦斯伯克利国家实验室（LBNL）和法国国家科学研究中心应用光学实验室（LOA）的实验结果，他们把电子束的能量加速到数百兆电子伏量级。在这以后，包括我国在内的世界多个实验室，都实现了在厘米量级的距离内把电子束加速到1吉电子伏以上。随着啁啾脉冲放大技术的发明和超强激光的发展，激光加速束流能量继续提高，不断打破加速能量的世界纪录。目前的最高纪录是在LBNL的激光等离子体尾场加速实验装置BELLA上获得的7.8吉电子伏电子束。

激光等离子体尾场加速的计算机模拟

转载自［AIP Conference Proceedings 1299，3（2010）； https://doi.org/10.1063/1.3520352］，经美国物理学会许可

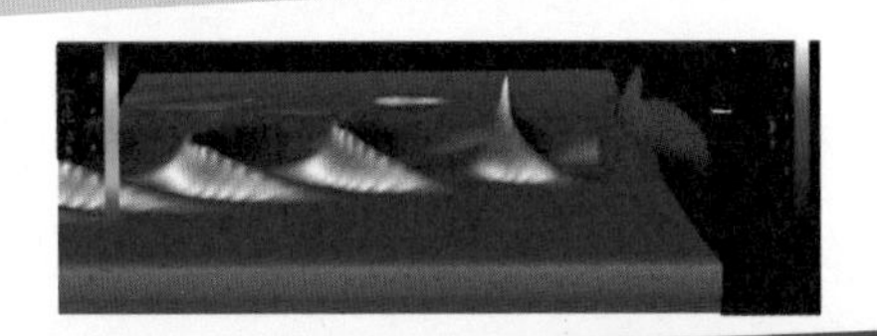

外部注入的电子束（彩虹色）骑在驱动激光（红色）激起的等离子波（浅蓝色）上被加速。模拟计算表明，利用能量为40焦、脉冲宽度67飞秒的强激光激励起等离子体波，可以在长0.65米的等离子体通道内，把电子束加速到10吉电子伏的高能量，加速梯度为15吉电子伏/米。

激光等离子体尾场加速电子束能量的提升

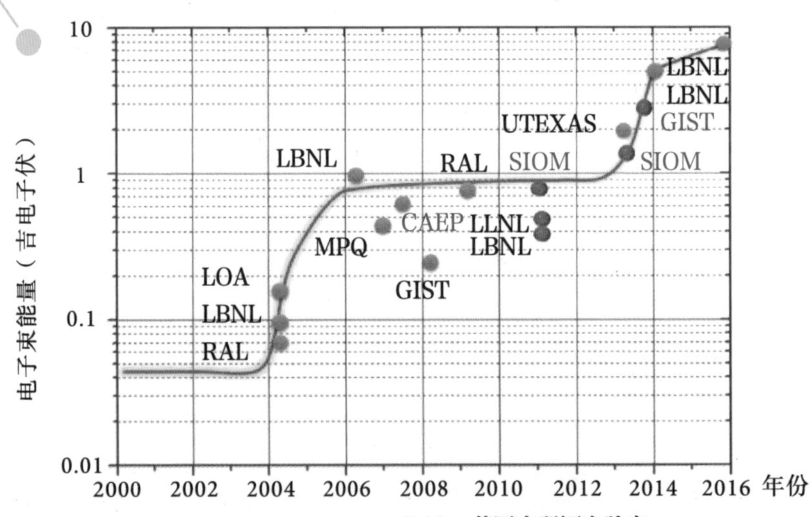

图中标出英文是该实验室名称缩写，蓝色点是单级加速实验，红色点是级联加速实验。

RAL：英国卢瑟福实验室
LBNL：美国劳伦斯伯克利国家实验室
LOA：法国国家科学中心应用光学实验室
MPQ：德国马克斯·普朗克量子光学研究所
CAEP：中国工程物理研究院
GIST：韩国光州科学技术研究院
LLNL：美国劳伦斯利弗莫尔国家实验室
SIOM：中国科学院上海光学精密机械研究所
UTEXAS：美国得克萨斯大学

但总的来说，激光离子体尾场加速仍处在实验研究的阶段，距离真正的加速器还有很长的路，有许多问题需要解决，包括如何准确地把电子束注入等离子体中比头发丝直径还小的加速区域里，如何提高电子加速稳定性，如何产生高品质电子束，如何实现多台激光加速级联，如何提高重复频率以获得高的平均流强，以及如何加速正电子等。我国的科学家围绕这些课题开展了深入的研究，在高质量的电子注入、新型加速介质研究、高强度的尾场加速辐射源和级联加速等方面取得了一系列重要成果，为把激光加速实验转变到激光加速器做出了贡献。

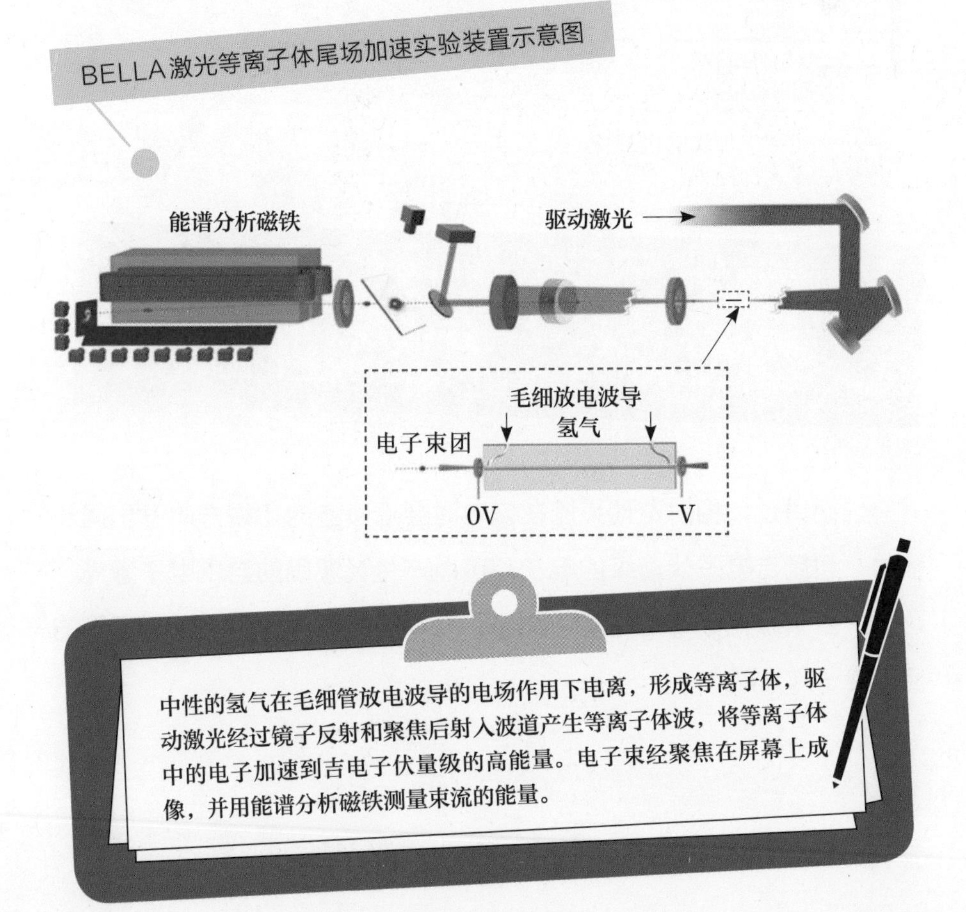

BELLA激光等离子体尾场加速实验装置示意图

中性的氢气在毛细管放电波导的电场作用下电离，形成等离子体，驱动激光经过镜子反射和聚焦后射入波道产生等离子体波，将等离子体中的电子加速到吉电子伏量级的高能量。电子束经聚焦在屏幕上成像，并用能谱分析磁铁测量束流的能量。

中国科学院上海光学精密机械研究所的激光加速自由电子激光装置示意图

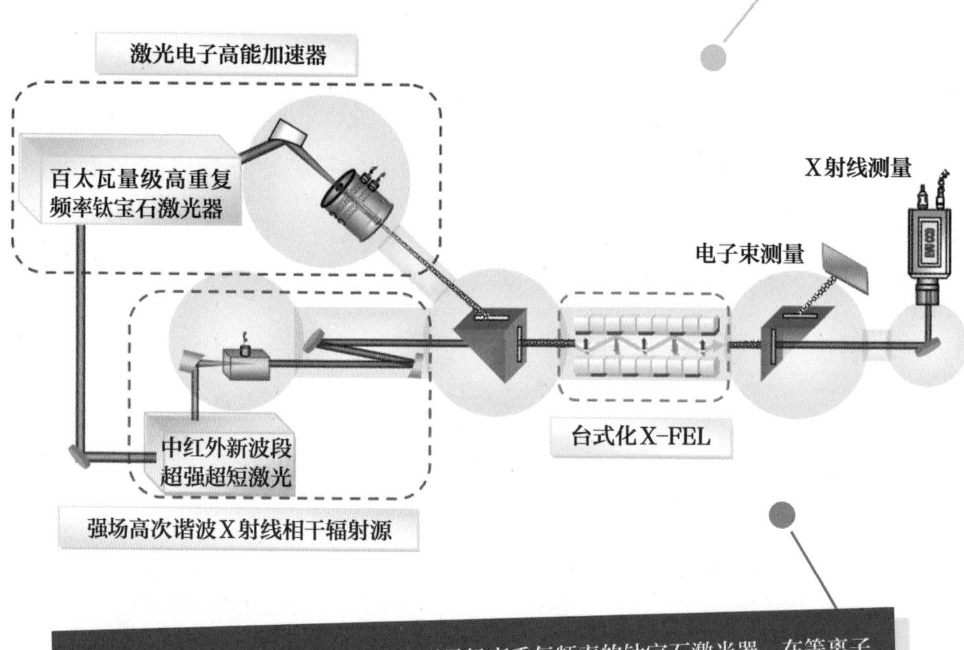

装置采用两台激光器，一台是百太瓦量级高重复频率的钛宝石激光器，在等离子体加速腔中把电子加速到吉电子伏量级。电子束经过偏转磁铁注入一台波荡器。另一台是中红外新波段的激光器产生的超强超短激光作为“种子”，经偏转镜同轴射入，与电子束相互作用，产生能量更高（波长更短）的X射线自由电子激光。

前面讲过，相对论性束流在偏转时会沿轨道的切线方向发出同步辐射，利用吉电子伏量级的电子束可以产生X波段的自由电子激光。这样，基于激光等离子体尾场加速，就有可能发展一种“全光型”的自由电子激光器。

激光离子加速器

离子的静止质量远大于电子，即使最轻的离子–质子的质量，也大约是电子质量的2000倍。因此，要把离子直接加速到接近光速，需要激光的强度远高于加速电子，这是目前激光技术还无法达到的。因此，加速离子就需要更高密度的等离子体，通常采用固体薄膜作为产生加速电场的载体。在这种加速器中，一束强激光脉冲聚焦轰击固体薄膜靶，在靶中产生等离子体并加速电子，在薄膜附近形成非均匀分布的电子云从而建立加速电场，使离子得以加速。适当选择固体靶的种类，就可以得到所需要种类的离子束了。科学家提出了多种采用激光加速离子的方案，并开展了实验研究。这里主要介绍鞘层加速和光压加速两种机制。

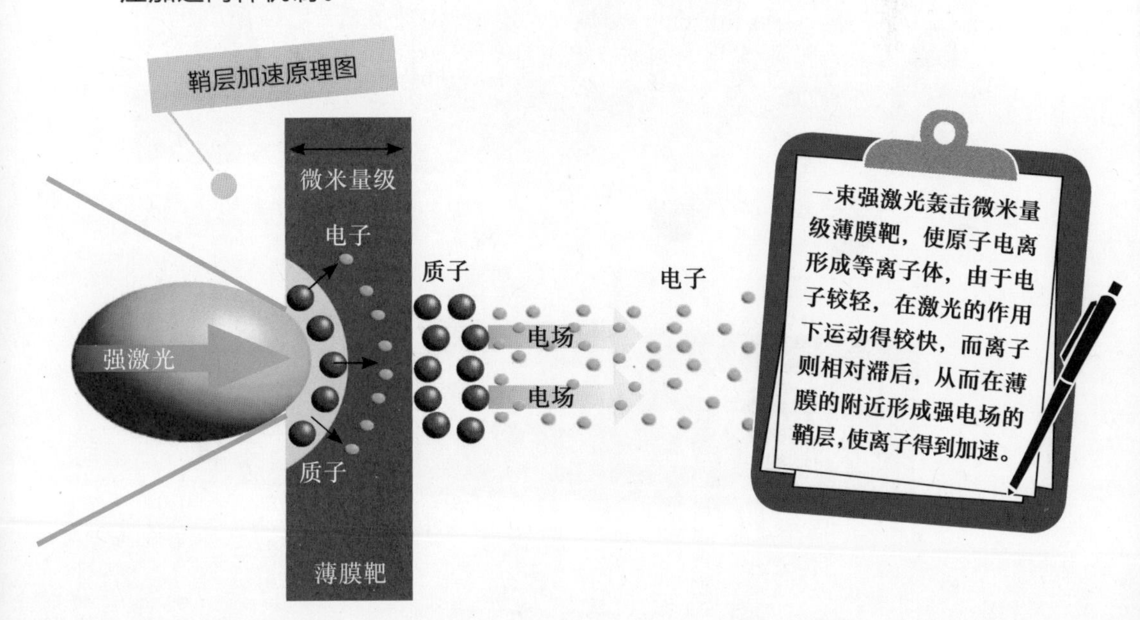

在鞘层加速机制中，采用线偏振激光轰击厚度为微米量级的固体薄膜靶，产生等离子体，离子在电子的吸引力作用下得到加速。

虽然鞘层加速机制比较清晰，能稳定地加速离子，但加速效率比较低，能量转化效率仅为千分之一左右，产生离子束的能量比较低，能谱也不够理想。随着激光强度的提高和靶制备技术的进步，科学家提出了基于光辐射压加速离子的方法。在光压加速机制中，利用圆偏振光轰击厚度为纳米量级的固体薄膜靶加速离子，产生离子的能量也比较高。采用这种方法，在实验上获得了数十兆电子伏量级的质子束和数百兆电子伏量级的碳离子束。

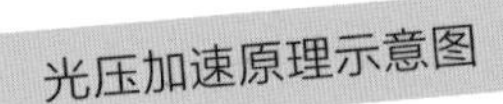
光压加速原理示意图

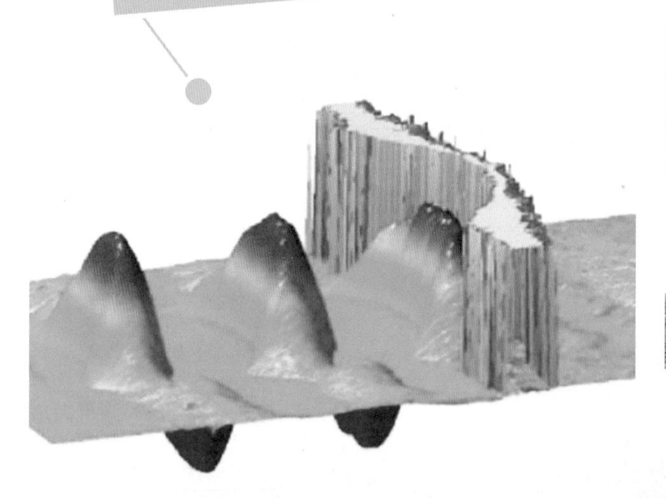

图中彩虹色的激光脉冲好比是推动船帆前进的风，灰色的电子云就是承受光压的帆，而离子束就是船体，离子束在电子的库伦力的作用下得到加速。

北京大学的研究团队提出了光压稳相加速原理，已研制成功一台紧凑型激光质子等离子体加速器，他们下一个目标是建造一台100兆电子伏的小型激光质子加速器样机，应用于肿瘤治疗。

北京大学激光驱动的10兆电子伏质子加速器示意图

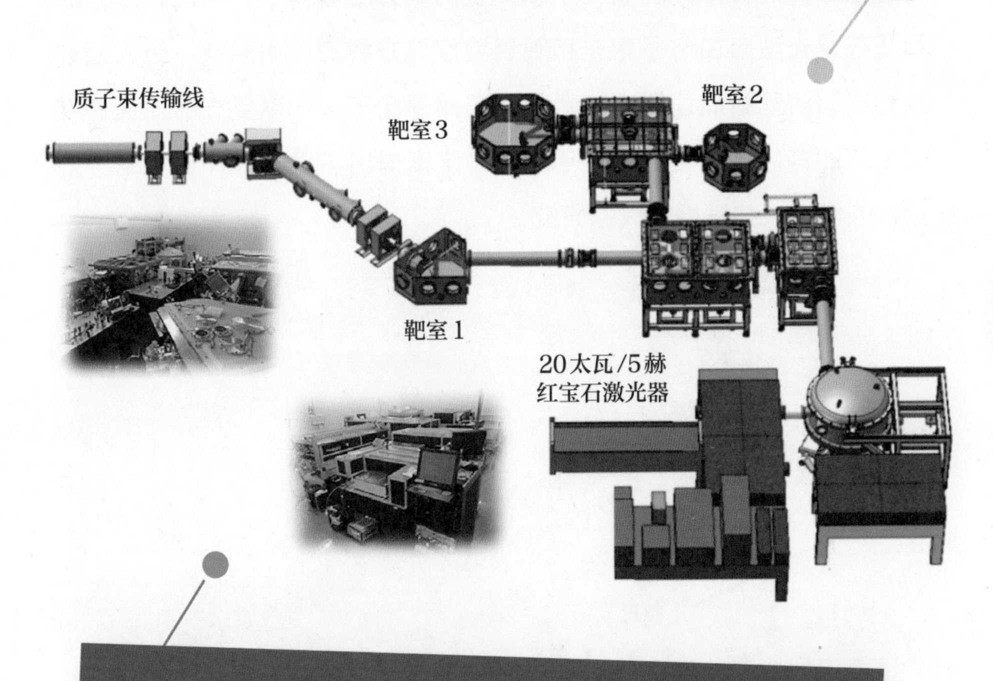

钛红宝石激光器产生的20太瓦激光，以5赫的频率轰击靶室1中的纳米级薄膜靶，产生了10兆电子伏的质子束流。靶室2和靶室3可以分别开展相关的实验研究。

激光加速正负电子对撞机

虽然人们在激光加速电子和离子的研究上取得了可喜的进展，展示了在全光型自由电子激光和肿瘤治疗等方面的应用前景，但人们并没有忘记研究新加速原理和新型加速器的初衷——以更高的加速梯度向更高的有效能量挺进。近年来，科学家提出了激光加速正负电子对撞机的设想，并开展了大量研究。

LBNL的研究团队提出的激光加速正负电子对撞机的方案

转载自[Physics Today 62，3，44（2009）； https://doi.org/10.1063/1.3099645]，经美国物理学会许可

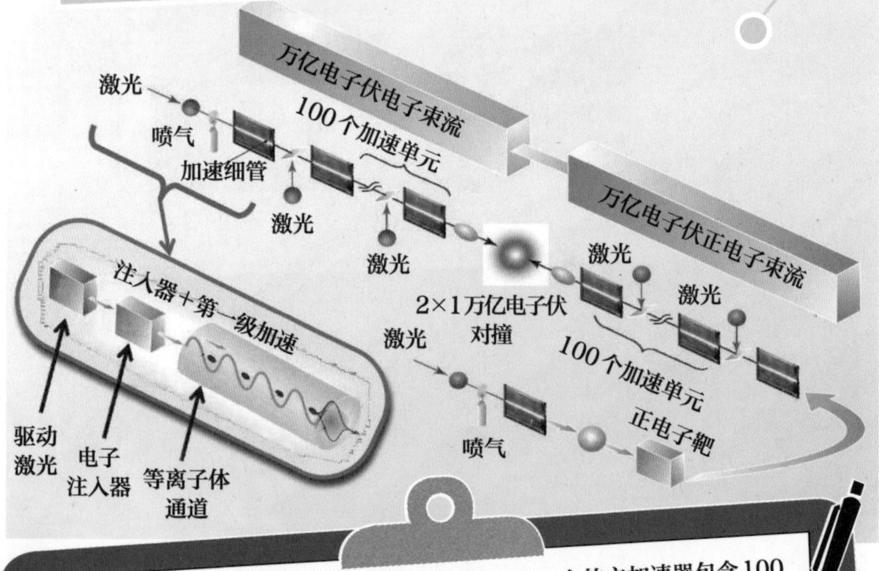

这台对撞机由两台激光等离子体加速器组成，每一台的主加速器包含100节激光加速单元，每一个单元提供10吉电子伏的加速能力，这100个单元一级一级串接起来，把正负电子加速到1万亿电子伏并进行对撞。其中的正电子束流由一个专门的单元产生10吉电子伏电子束流打靶而获得。

前文介绍了激光加速电子的进展，科学家已经能把电子加速到接近10吉电子伏的能量。那么是不是就可以用作正负电子对撞机了呢？答案是现在还不行。因为对于高能物理研究而言，不仅需要有足够高的束流能量，还需要很好的束流性能，集中起来说，就是需要很高的对撞亮度。亮度越高，单位时间对撞产生的事例数就越高，就能在稀少的事例中找到所关心的次级粒子，有效地开展高能物理的研究。在对撞机中，亮度同对撞束团中粒子的数目和单位时间里对撞的次数（即对撞频率）成正比，与束流的横截面积成反比，而对撞频率、粒子数和能量的乘积就是束流功率。这就是说，高对撞亮度要求高束流功率。

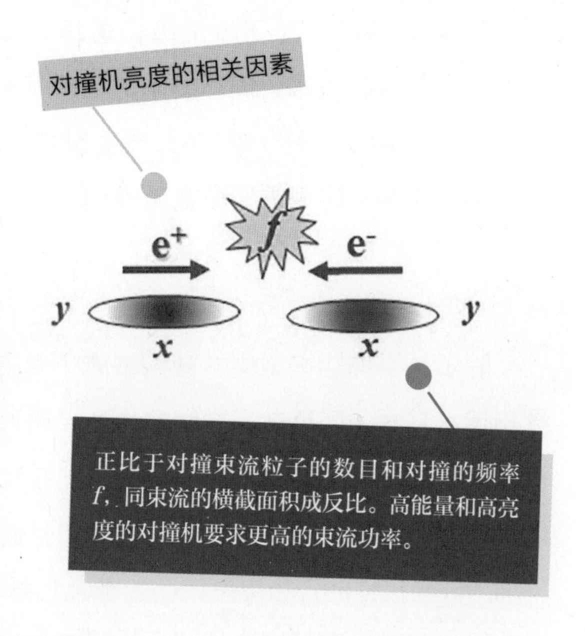

对于一台质心系能量为2万亿电子伏、设计亮度为2×10^{34}/厘米^2·秒的正负电子对撞机，要求在每个束团里包含4×10^9个粒子（电子或正电子），以重复频率为15千赫进行对撞，束团截面水平和垂直方向的尺寸分别为100纳米和1纳米，可算出：要求每束粒子的总功率高达9.6兆瓦。按激光转换到等离子体的效率为50%和等离子体到束流的效率为30%计算，需要激光的总功率约为64兆瓦，分担到100个10吉电子伏的加速单元，每个单元的激光功率为640千瓦，这是一个非常高的平均功率。上面谈到的超强激光，虽然脉冲功率可以高达10拍瓦，但脉冲宽度很短，为飞秒量级，重复频率通常不大于10赫，平均功率只有数百瓦量级，离所要求的640千瓦还有很大的差距。此外，目前激光本身的效率不到1%，产生640千瓦的激光至少需要64兆瓦以上的电功率，这也需要成数量级的提高。科学家开展了提高激光平均功率问题的研究，提出了一些办法，其中包括正在开展实验的相干放大方案。

除了高平均功率激光，激光等离子体正负电子对撞机在加速器物理和技术方面，还存在多方面的挑战，包括如何产生发射度和能散度都非常小的正负电子束流，如何使束流在加速和传输过程中保持高性能，如何把上百节的加速单元同步地串接起来实现持续加速，如何实现纳米截面尺寸的正负电子束团的准确对撞等。

尽管存在许多困难和挑战，人们仍然相信，经过不懈的努力，终能建成高加速梯度的新型加速器和新型对撞机，为人类探索物质更深层次结构的奥秘提供强大的武器。

第五章

天然加速器

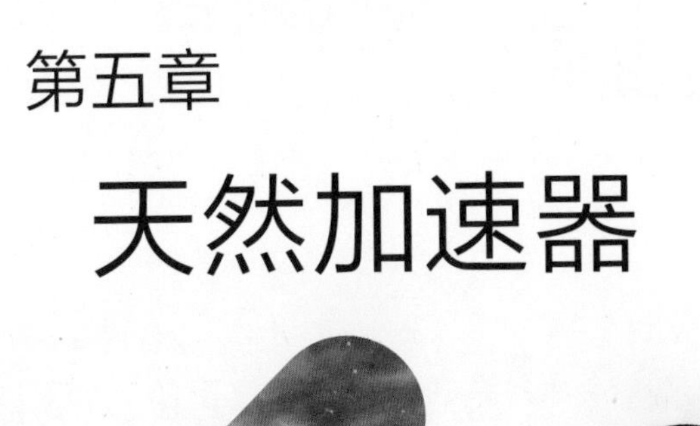

每时每刻都有无数宇宙射线粒子造访地球，有的还不知不觉地穿过我们的身体。宇宙线粒子的能量最高可达3×10^{20}电子伏，远远高于人工建造的加速器的能量，携带着宇宙的信息。超高能宇宙射线的来源和加速机制等，也成为天体物理学家和加速器物理学家共同关注的问题。本章将从羊八井宇宙线实验站观测到高能宇宙线粒子谈起，介绍我国和世界上的高山宇宙线观测站，聚焦在校园开展宇宙线观测的装置和实验。

来自羊八井的报告

西藏ASγ实验观测到蟹状星云方向能量为100万亿电子伏以上的γ光子

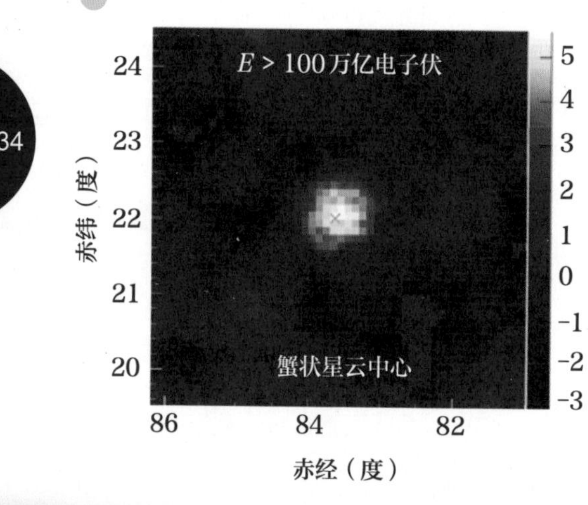

美国哈勃望远镜观测的蟹状星云图片

2019年7月，我国西藏羊八井宇宙线观测站发布了一份令人瞩目的报告：中日合作ASγ实验阵列发现了能量高达450万亿电子伏的宇宙线γ光子，这是此前发现的能量最高的宇宙线γ射线，标志着超高能γ射线天文观测进入100万亿电子伏以上的能段。在羊八井的这项发现以前，国际上探测到的最高能量的宇宙线γ光子为75万亿电子伏，是由德国的HEGRA切伦科夫望远镜实验组观测到的。ASγ实验团队共发现了24个100万亿电子伏以上的γ光子事例，其中能量最高的约为450万亿电子伏。实验还确定，这些宇宙线γ光子来自6500光年以外的蟹状星云。

羊八井观测站位于海拔4300米的西藏高原，于1990年建成并开始运行，后经多次升级改造，性能逐步提高，在银河系宇宙线的探测研究方面做出了一系列重大发现。

羊八井国际宇宙线观测站建设在西藏高原巍峨的念青唐古拉山脚下，海拔约4300米。科学家在这里开展ASγ（中日合作）和ARGO（中意合作）两大国际合作的实验项目。ASγ是一个取样型探测器实验，共安放了221台塑料闪烁体探测器，原设计的探测能量范围为3万亿~10万亿电子伏，经过改进探测能量扩展为100万亿电子伏以上。

羊八井国际宇宙线观测站ASγ实验的塑料闪烁体探测器

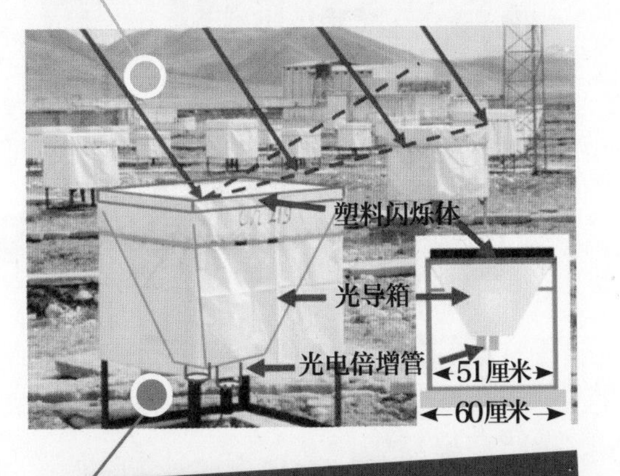

羊八井国际宇宙线观测站ASγ实验的探测器单元由塑料探测器、光导箱和光电倍增管等部分组成。宇宙线粒子进入探测器单元，激发闪烁体原子的轨道电子。电子在退激发时产生荧光，通过光导箱进入倍增管放大产生电信号，经电子学系统送到计算机。

ARGO使用高阻性板探测器（安装在图右侧蓝色实验大厅内），从而把地面观测的阈能下降至0.1万亿电子伏，其中心部分面积6700米^{2}，是世界上最大的地毯式全覆盖宇宙线阵列。

蟹状星云是位于银河系金牛座的著名超新星遗迹。900多年前，我国宋朝的天文学家详细记录了该超新星爆发的情景：在1054年7月的一个清晨，突然出现了一个非常亮的星体，在白天也能看到，持续了1年多才渐渐暗淡下去。

《宋史·天文志·第九》关于超新星爆发的记载

凡十一日沒三年三月乙巳出東南方大中祥符四
年正月丁丑見南斗魁前天禧五年四月丙辰出軒轅
前星西北大如桃速行經軒轅大星入太微垣掩右執
法犯次將歷屏星西北凡七十五日入濁沒明道元
年六月乙巳出東北方近濁有芒彗至丁巳凡十三
日沒至和元年五月己丑出天關東南可數寸歲餘
稍沒熙寧二年六月丙辰出箕度中至七月丁卯犯
箕乃散三年十一月丁未出天囷元祐六年十一月
辛亥出參度中犯掩厠星壬子犯九游星十二月癸
酉入奎至七年三月辛亥乃散紹興八年五月守婁
宋史志卷九

蟹状星云在全电磁波段均具有较高的亮度，因此科学家在射电、光学、X射线直至γ射线的整个电磁波段对其进行详细的观测和研究。那么，这么高能量的γ射线究竟是怎样产生的呢？经过仔细的分析研究，科学家认为，这些100万亿电子伏以上的高能光子有可能是更高能量的电子与周围宇宙微波背景辐射光子发生逆康普顿散射*的结果，而超高能电子则是在蟹状星云的脉冲星中强大电磁场中得以加速。由此可见，蟹状星云可称得上是银河系中的“天然加速器”，其加速能力比目前世界上最大的人工电子加速器高了上万倍。除此之外，宇宙射线还可能有各种来源（如黑洞、超新星和脉冲星等）和不同加速机制。超高能宇宙射线从哪里来？宇宙射线究竟是如何被加速的？它们起源于哪些天体？它们的成分是什么？在空间是怎样传播的？这些都是正在研究的重大科学问题，也是值得我们思索和关注的问题。

---

* 逆康普顿散射是指高能电子与低能光子相碰撞而使低能光子获得能量的一种散射过程，为康普顿散射（光子能量传递给电子）的逆过程。

宇宙信使

宇宙射线是来自宇宙深处的物质样品，携带了天体演化和宇宙的丰富信息，是人类能够获得的来自太阳系以外的唯一物质样品。带电的高能宇宙线粒子不能无阻拦地穿过物体，宇宙线在进入地球大气层时会与大气中的原子核作用，产生广延大气簇射（EAS）。对于广延大气簇射的观测，正是研究宇宙线的起源、加速机制和传输过程的有效途径。

广延大气簇射

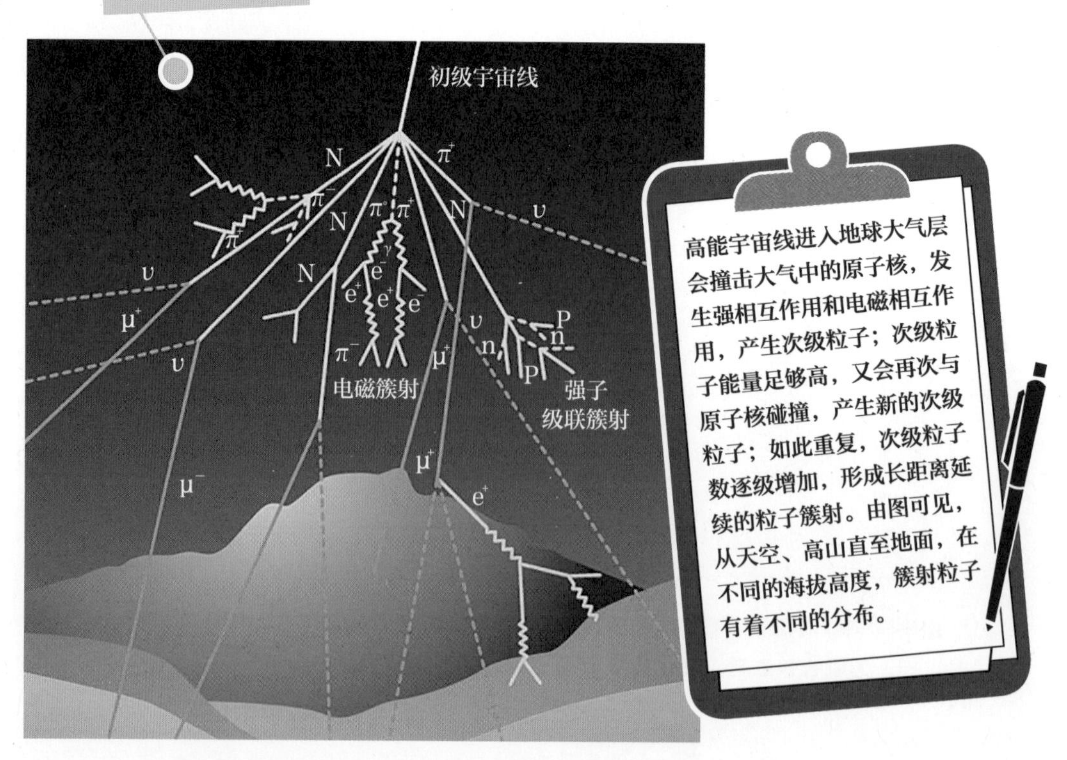

宇宙线粒子的能量可高达3×10^{20}电子伏，是大型强子对撞机（LHC）所能加速粒子能量的千万倍。但是，到达地球的这样极高能量的宇宙线粒子非常稀少。从宇宙线的能谱来看，粒子的数目大致随能量的平方下降：能量每提高10倍，粒子数目差不多就减少100倍。例如，1千米^{2}的探测器上，平均每年能探测到1个能量为10^{19}电子伏粒子；而对于能量为10^{20}电子伏的粒子，100年才能探测到1个。另一方面，1个能量为10^{20}电子伏的宇宙线粒子进入地球大气后，大约能产生1000亿个广延大气簇射粒子，分布在10～20千米^{2}范围内。因此，要研究极高能的宇宙线，就需要非常大的探测器阵列。

高山宇宙线实验站

科学家为了开展宇宙线研究，建造了一系列观测站。世界上有三大宇宙线研究中心，分别是位于南美洲阿根廷的3000千米^{2}极高能宇宙线实验（AUGER），欧洲的伽马天文定点观测装置（CTA）和南极的冰立方中微子观测站。

我国从20世纪50年代起，利用独特的地理优势，先后建造了云南落雪山宇宙线观测站、羊八井国际宇宙线观测站，取得了重要的科学成果，现正在四川稻城海子山建设大型高海拔宇宙线观测站（LHAASO）。

快来看看最高能量的光子是怎么回事儿？

LHAASO是“十二五”期间启动的国家重大科技基础设施，其核心科学目标是探索高能宇宙线起源以及相关的宇宙演化、高能天体演化和暗物质的研究等。LHAASO采用多种探测手段实现复合、精确的测量，大幅度提高灵敏度，覆盖更宽广的能谱。它是世界上海拔最高、规模最大、灵敏度最高的宇宙射线探测设施，同时也为开展大气、气象、空间环境等多种形式的前沿科学交叉研究提供实验平台。

那么宇宙线观测站为什么要建在高山上呢？前面我们已经谈

到，高能宇宙线撞击大气中的原子核会一级一级地产生簇射，能量越高的宇宙线粒子簇射的距离越远、范围越大。对于100万亿电子伏的宇宙线广延大气簇射，其EAS极大处大约在海拔5000米，这就是我们在西藏羊八井（海拔4300米阵列）和四川稻城（海拔约4400米）建立宇宙线观测阵列的原因。对于能量10^{20}电子伏的宇宙线，其EAS极大处接近海平面。世界上最大的宇宙线观测站Auger就专注于研究能量在10^{18} ~ 10^{21}电子伏的宇宙线广延大气簇射，它的海拔比较低，为1420米。

大型高海拔宇宙线观测站效果图

位于四川稻城海子山平均海拔约4400米的高地，占地约1.36平方千米（2040亩），于2018年6月开工建设，在2021年建成。

2001年10月19日至21日，羊八井宇宙线观测站获首批国家重点野外台站试点站之一

中国的幅员辽阔，地形复杂，可以在不同海拔进行宇宙线测量，既可研究宇宙线强度随高度的变化规律，又能展示这种肉眼看不见的神秘射线的径迹。对于能量为10^{20}电子伏级的极端高能宇宙线事例，可以在低海拔的场地上开展，而且需要分布于更大面积的宇宙线探测器阵列。20世纪末期，加拿大科学家提出了一项创意，即让科学家和学校联合，把宇宙线实验装置放到校园中去。这样做，既能开展科学研究，又能培养未来的科技人才。分布在中学校园里的宇宙线探测器网就这样在全世界发展和推广起来。

大型高海拔宇宙线观测站的各种探测器阵列示意图

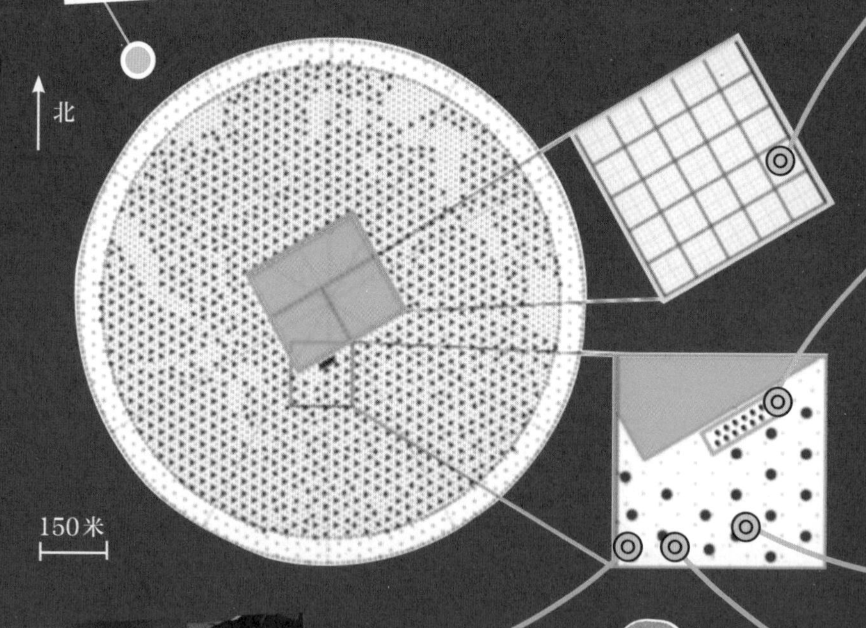

电磁粒子探测器

LHAASO采用无人工辐射源的粒子探测技术，包含：①5195台电磁粒子探测器和1171台缪子探测器组成的地面簇射粒子阵列；②300组水切伦科夫光探测器的阵列；③12台广角切伦科夫望远镜阵列。

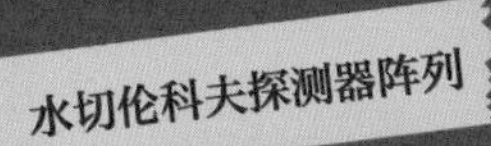

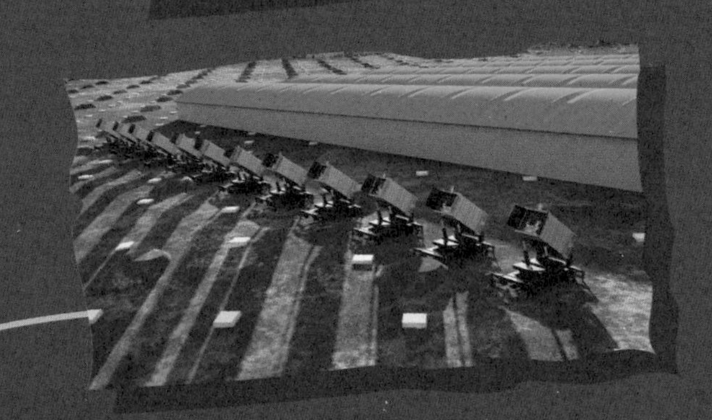

广角切伦科夫望远镜阵列

地面簇射粒子阵列

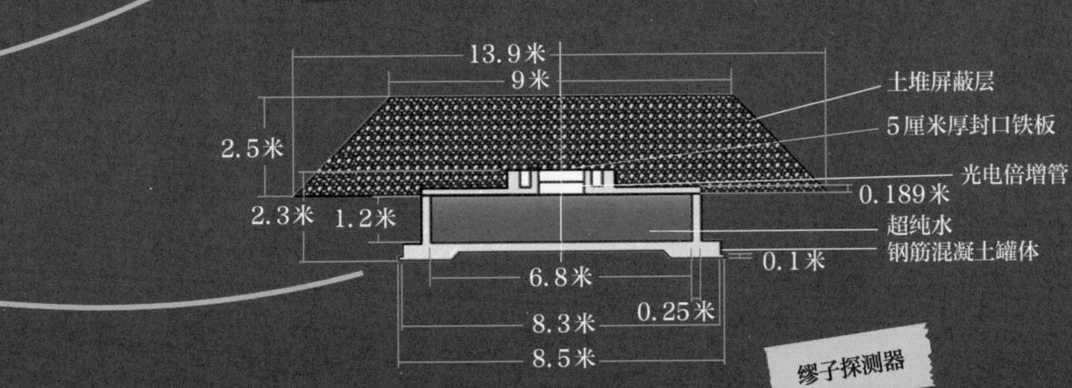

观测宇宙线的“眼睛”

在20世纪初，人们还不知道宇宙线。科学家知道土壤具有放射性，能电离空气中的气体，产生离子。那么，在空气中的离子，是不是由地球表面的物质产生的呢？1901—1903年，一位攻读气象学的德国学生林克（F. Linke）带着一台验电器乘坐热气球升到了5500米的高空，他发现在那里空气的电离强度是地面上的4倍。这个结果与当时公认的电离来自土壤的看法不同，当时他觉得一定是自己搞错了，就没敢发表这一结果。之后的几年里，又有多位科学家做了热气球升空测量实验，仍无法确定这种放射性究竟来自地球表面，还是大气本身，或来源于太阳。奥地利的物理学家赫斯（Victor Franz Hess）决定把这件事搞清楚。赫斯也是一位业余的热气球爱好者，1911—1913年，他带着3台具有高灵敏度的验电器，在不同高度进行了10次气球升空实验，测量空气中离子的密度。

保存在美国国家航空航天博物馆的赫斯验电器

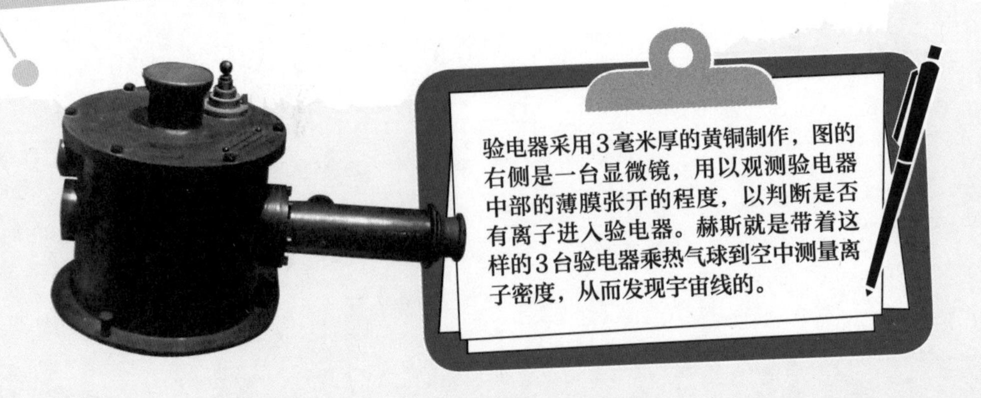

验电器采用3毫米厚的黄铜制作，图的右侧是一台显微镜，用以观测验电器中部的薄膜张开的程度，以判断是否有离子进入验电器。赫斯就是带着这样的3台验电器乘热气球到空中测量离子密度，从而发现宇宙线的。

在1911年10月的低空热气球实验中，赫斯发现电离度与白天和黑夜没有关系，接着在1912年4月的一次测量中，他得出了日食对电离没有影响的结论。1912年8月，赫斯的热气球升到了5千米的高空，进行了一次历史性的实验。

1912年，赫斯在氢气球升空前的工作平台上

在这次实验中，他发现了一个令人惊奇的现象：测量得到的离子密度随着高度的增加而明显增大，在4千米的高空，离子密度约是地面上的3倍。这就说明，大气中的电离并非源于土壤或岩石中的某些放射性元素，加上以前观测得到的电离度与黑夜和日食无关的结果，表明这种辐射一定来自地球和太阳以外，也就是来自宇宙的射线。

赫斯在1912年气球实验的结果（左）和另一位科学家科赫斯特（W. Kolhörster）在1913—1914年测量的结果（右）

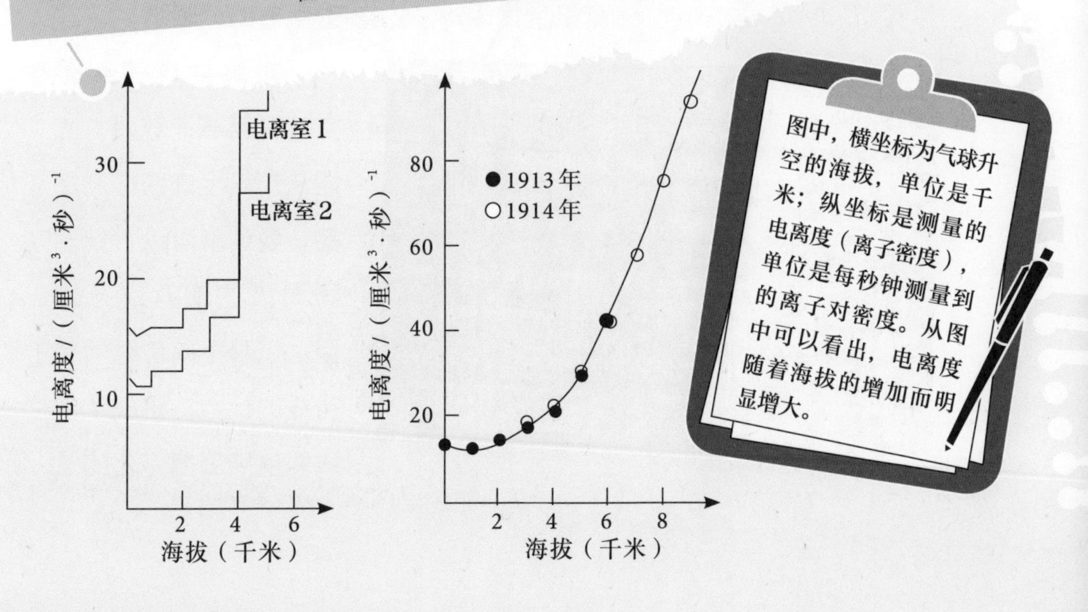

宇宙线的发现，不仅解决了困惑物理学界多年的难题，而且开辟了粒子物理和宇宙学研究的新领域，具有极为重要的意义。由于这一重大发现，赫斯被授予1936年的诺贝尔物理学奖。

盖革计数器原理示意图

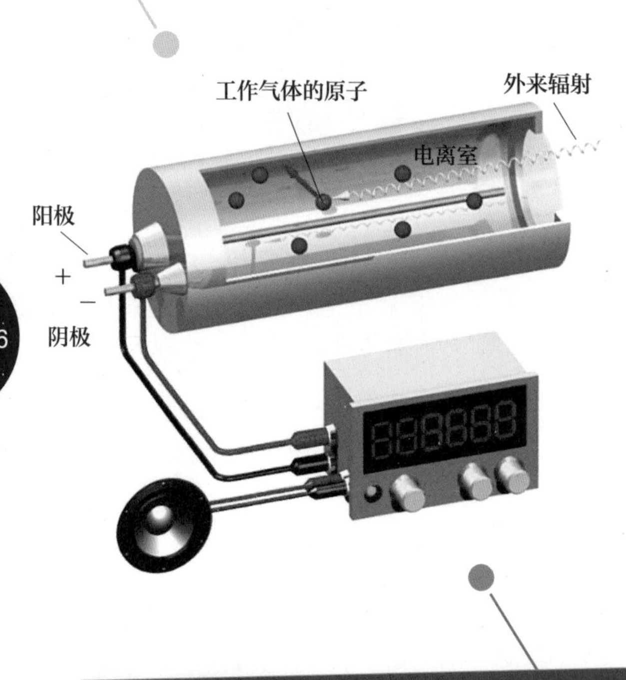

在封闭的金属管内贮有低压气体（通常用氦、氖、氩等惰性气体），在管内沿轴线安装金属丝作为阳极，与作为阴极的管壁之间用电池组连接，产生一定的电场，构成气体电离室。管内没有射线穿过时，气体不放电。当某种射线粒子进入时，就能使管内气体原子电离，释放出自由电子，在电场的作用下飞向金属丝阳极。这些电子沿途又能电离气体中的其他原子，释放出更多的电子。这种级联电离效应使管内气体成为导电体，于是在阳极丝与管壁之间产生气体放电。计数器记录下每个粒子飞入管内时的放电的脉冲，就可检测出进入管内粒子的数目。

今天，测量仪器有了长足的发展。我们可以采用或制作更灵敏的仪器，重复100多年前赫斯获得诺贝尔奖的工作。这种仪器就是德国科学家H.盖革和P.米勒在1928年发明的盖革-米勒计数器（G-M计数器，也称盖革计数器），这是一种专门探测电离辐射强度的记数仪器，被称为观测辐射电离的“眼睛”。

如果学校的实验室就有盖革计数器，或能从市场上选购标准产品，我们就可以带到不同海拔的地方进行测量，记录下单位时间宇宙线的计数，绘成宇宙线强度随高度变化的关系曲线。如果你一时去不了那么多地方，还可以联系全国各地学校的同学开展合作，在各个海拔进行测量。这时要特别注意，不同的探测器要用标准的辐射源进行标定，使它们测量的数据具有相同的标度。

我们还可以从市面上采购元件，自行制作和调试盖革计数器，实现从制作仪器到实验观测的全过程。在介绍高山宇宙线项目时提到，科学家都是按照科学目标的要求，设计和研制所需要的探测器，并利用这些设备持续地开展实验观测和研究的。

利用盖革计数器，我们还可以进行日常生活中的放射性检测和查找放射源等实验。

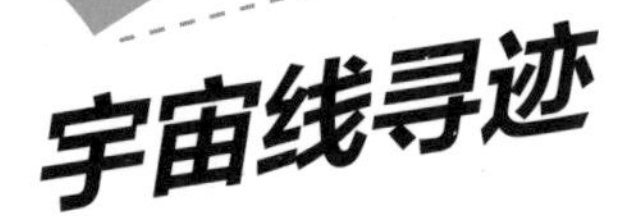

宇宙线寻迹

“天然加速器”产生的宇宙线粒子时时刻刻都会造访地球，来到我们的身边。那么，有没有可能在家里也能“看到”宇宙线呢？让我们一起来试试。

这里要用到的装置就是大名鼎鼎的“威尔逊云室”，它是100多年前由英国科学家威尔逊发明的。在历史上，科学家建造了多种“威尔逊云室”，观测到放射性核素产生的 α 粒子和 β 粒子（电子）等带电粒子，还应用在核物理和粒子物理的实验中。1932年，美国科学家安德森（Carl David Anderson）就是利用这种云室，在研究宇宙射线在磁场中的偏转时发现了正电子，并因此与发现宇宙线的赫斯一起获得了1936年的诺贝尔物理学奖。

简易宇宙线径迹仪云室示意图

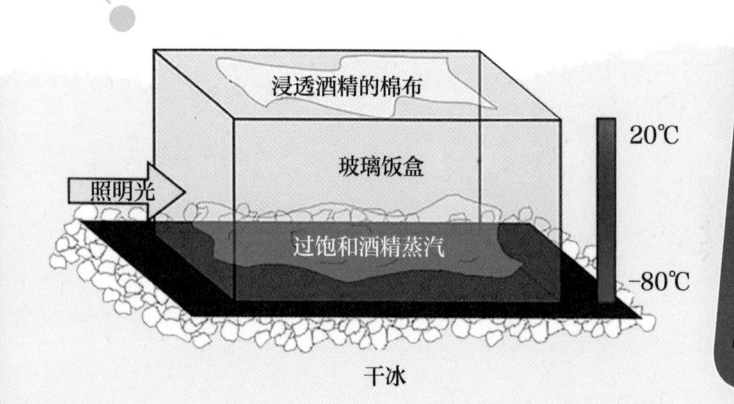

这台简易云室的主体是一个玻璃饭盒，在饭盒内的上表面放一块浸透了酒精的棉布，酒精挥发在饭盒里形成蒸汽。饭盒下面是一个铝盘，铝盘上装满了干冰，温度约-80℃，在低温下形成过饱和酒精蒸汽。图的左侧有一束光源照射进来，就能观察到宇宙线通过时的径迹。

虽然在现代物理实验中已经很少使用云室了，但它恰好可以帮助我们在家里“捕捉”宇宙线粒子。制作这台简易宇宙线径迹仪云室，需要的材料主要有玻璃饭盒（也可以是其他类似的容器）、酒精和干冰，还有用来拍照和录像的手机，记录下宇宙线的径迹。

酒精蒸汽围绕带电粒子形成小液滴

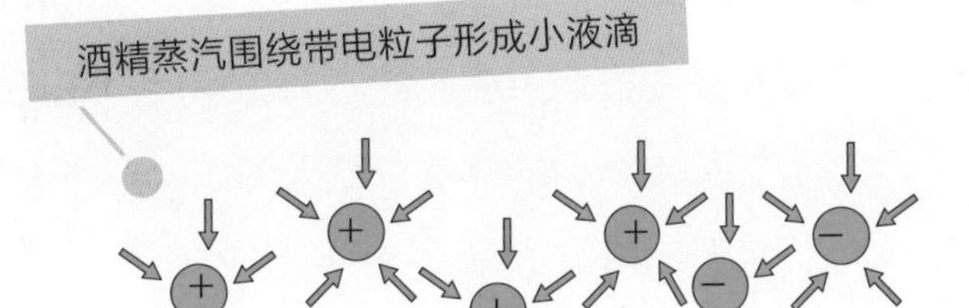

饭盒里的过饱和酒精蒸汽是怎样形成的呢？因为饭盒里的温度从上到下逐渐从室温20℃降为-80℃，酒精蒸汽会向下“沉淀”。我们知道，水蒸气遇冷之后会变成小水滴（白色的水汽），酒精蒸汽也有同样的情况。由于饭盒下部的温度远远低于酒精的液化温度，于是出现了一种有趣的物理现象，就是“过饱和”。也就是说，冷空气里的酒精蒸汽早就达到了形成酒精“云雾”的条件，但还没来得及发生变化，结果形成了过饱和的酒精蒸汽。

一台简易云室（左）和1932年安德森用云室记录的来自宇宙线簇射的正电子照片（右）

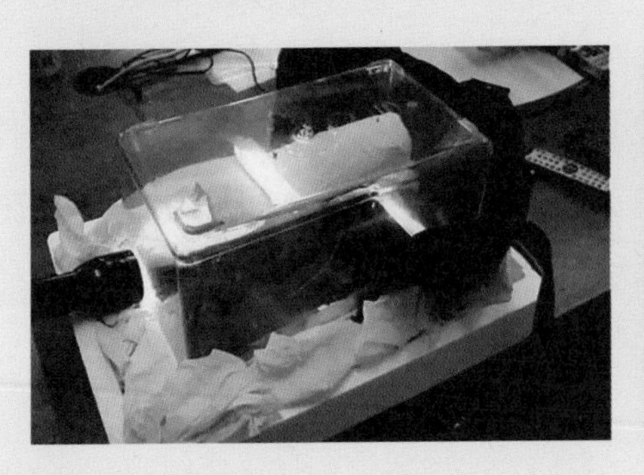

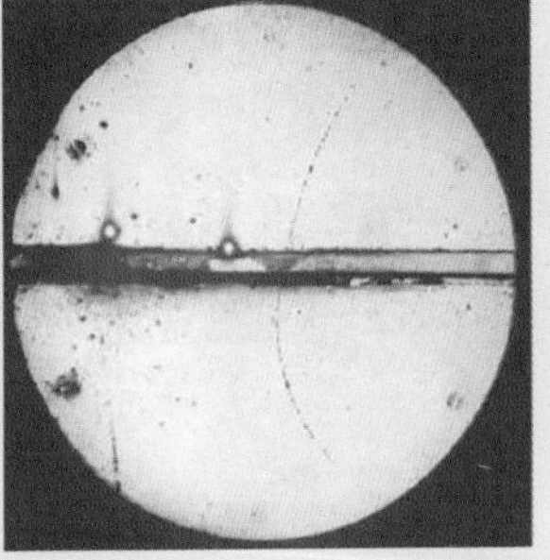

当宇宙线中的带电粒子（如电子、缪子和质子等）进入云室时，就会将空气分子电离，形成带电荷的离子团。这些离子团就为云室中的过饱和酒精蒸汽提供了凝结的核，使酒精蒸汽围绕带电粒子凝结形成小液滴，于是在云室中出现一条一条白色的“烟雾”，这就是宇宙线粒子通过的轨迹。如果把这个云室放在磁场里，我们就可以根据带电粒子在磁场中偏转的方向和角度，知道它们携带的是哪种电荷，还能计算出它们的能量。今天的你就有可能用简易的云室重现当年发现正电子的诺贝尔物理学奖的实验结果。

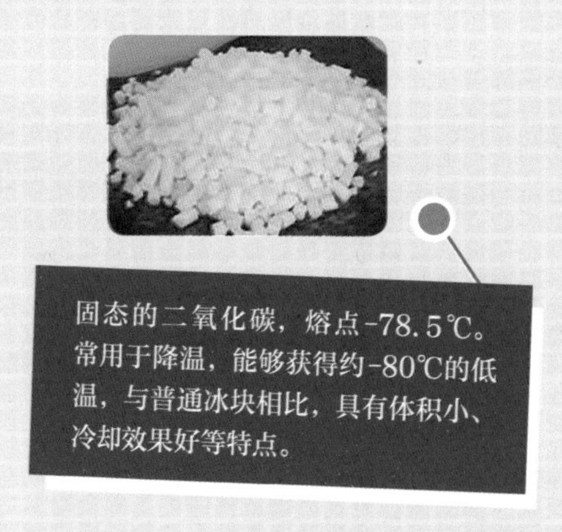
固态的二氧化碳，熔点-78.5℃。常用于降温，能够获得约-80℃的低温，与普通冰块相比，具有体积小、冷却效果好等特点。

在这个宇宙线径迹仪云室实验中的大部分器件都是现成的，干冰是固态的二氧化碳，温度约为-80℃。在实验中，要严格按照干冰使用的操作规范，千万不能用手直接取干冰。另外，也不能把饭盒密封，这样干冰会让里面的空气收缩，使压力急剧变低而造成爆炸。

除了利用威尔逊云室，我们还可以采用G-M计数管寻迹宇宙线。北京市东直门中学的同学在科学家指导下，制作了一台宇宙线描迹仪。插上电源，就能在课堂上实时演示宇宙线穿过时的径迹。

在东直门中学的科学展厅，有一台宇宙线显形仪，参观者可登台体验宇宙线穿过身体的情形。这台显形仪是东直门中学学生在教师指导下制作的，已成为普及宇宙线知识的教具。

东直门中学的同学制作的宇宙线描迹仪

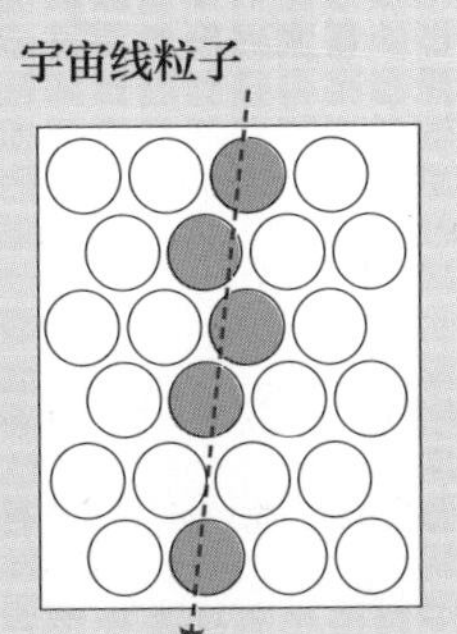

采用24根J206型G-M计数管作为探测器组成4×6的阵列，当宇宙线粒子（主要是缪子）穿过探测器时，产生电信号，通过电子学系统对信号进行甄别、成形和逻辑判断，就可以实时在显示器上显示出宇宙线径迹。

东直门中学的同学研制的宇宙线显形仪

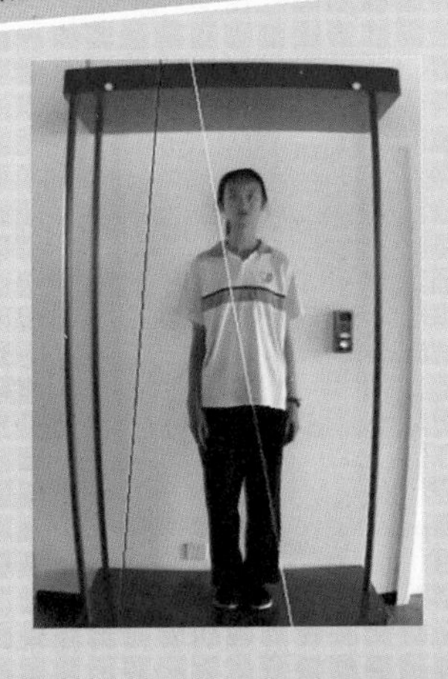

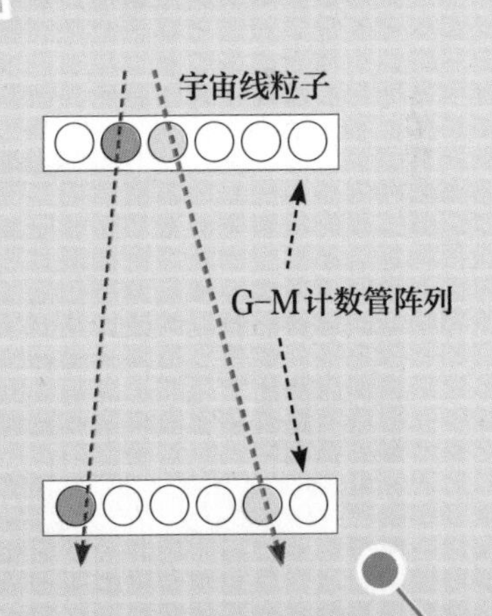

在显形仪的上方和下方各安装了一组G-M计数管阵列，当宇宙线粒子穿过G-M计数管时，产生电信号，通过电子学系统对信号进行符合计数，判定有粒子依次击中上下两个探测器，在这两个计数器之间画（打）一条（光）线，就能实时地演示宇宙线径迹和宇宙线穿过人体的情形。

校园宇宙线研究

近年来，在北京市教委的“翱翔计划”支持下，中国科学院高能物理研究所的科研人员和学校教师一起，指导北京市东直门中学的学生研制宇宙线观测装置，并于2016年建成了国内第一座中学宇宙线观测站。

宇宙线研究涉及物理学和天文学的前沿，实验的方法和仪器包括探测器、电子学、计算机、自动控制、无线电定位、数据传输与处理等，涉及诸多近代物理知识和技术。在中学开展宇宙线研究，学生可以在科学家和教师的直接指导下参与探测器的制作，检查探测器的日常运行，进行数据采集并开展物理分析，在真实的科学研究中得到训练，成为探索宇宙奥秘的小小科学家。

北京市东直门中学教学楼顶上的宇宙线观测站

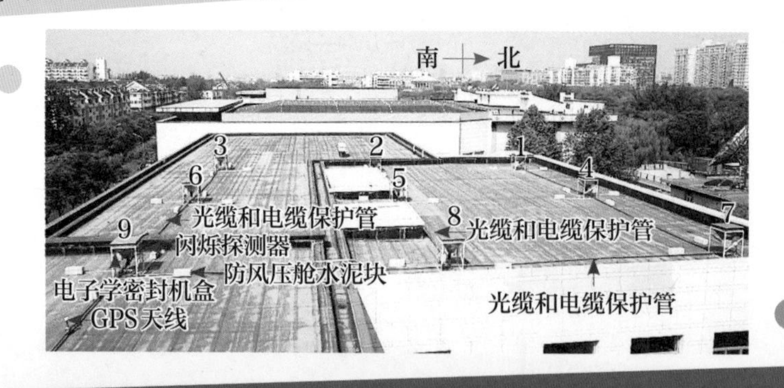

由9台羊八井型闪烁探测器和相应的前端电子学、信号数字化电路、光电转换、GPS/北斗时钟、信号光缆、微机实时在线控制和数据采集系统等构成。每个探测器的有效面积为0.5米^2，相互间距约10米。探测器盖有防雨罩，但不会影响宇宙射线的采集。

东直门中学不仅让学生制作了探测仪器，还利用校园里的9台探测器组成的宇宙线观测站阵列，获取了大量数据，开展科学研究，完成了《利用闪烁探测器对单位立体角内EAS强度与天顶角的关系进行的研究》等多篇高质量的科学实验论文。从2016年起，他们连续五年参加了国际宇宙线日的活动，在网络视频会议上报告了他们的研究成果，同外国的中学生朋友们分享宇宙线探测器阵列采集的数据，交流研究方法和成果，直接参与当代宇宙线研究的前沿。

宇宙线探测单元的构成示意图

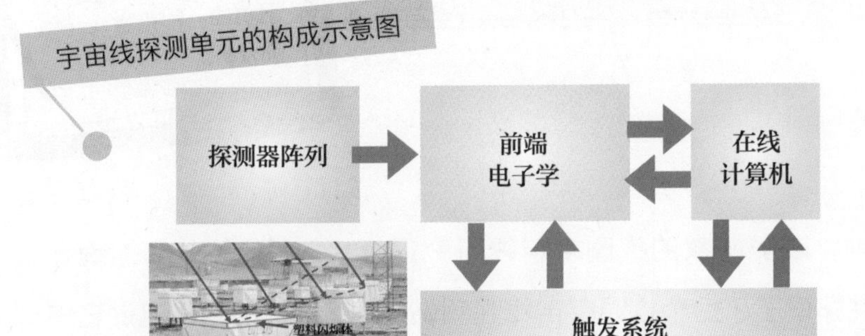

采用羊八井宇宙线观测站的探测单元，前端电子学把探测器的信号数字化，触发系统按照GPS/北斗卫星提供的纳秒精度时标进行时序调度，信号幅度数字化后转换成光信号，再由光缆输送至实验室，变换成电信号，在线计算机控制全部设备并持续采集数据，提供离线分析研究。

东直门中学宇宙射线观测

科学家讲解探测器的构成和原理

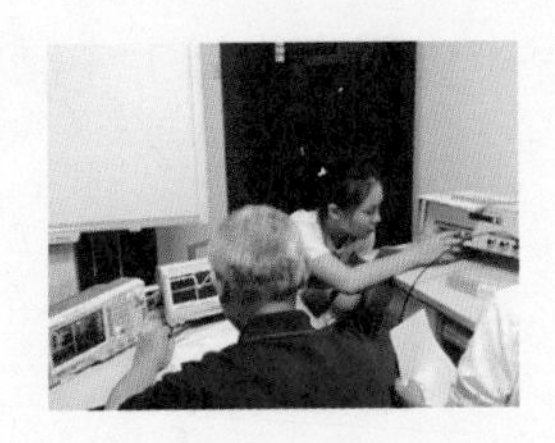

进行探测器和电子学调试

东直门中学宇宙线观测站宇宙线EAS径迹重建

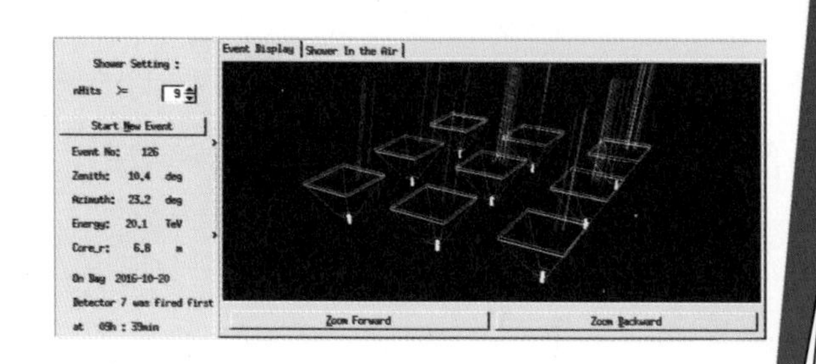

形象地显示宇宙线簇射事例，测量它们的基本参量，包括击中探测器的数量、天顶角、方位角、总能量、簇射核心离阵列中心的距离和到达时间等，并记录在计算机中，提供离线的物理分析。

目前，欧美国家的校园宇宙线研究很红火。按2016年的统计，世界上共建设了239个校园宇宙线观测站，还有291个站在建设之中。其中美国最多，已建125个、在建200个；加拿大已建17个、在建2个；欧洲已建96个、在建89个；日本已建9个、在建1个；我们中国目前只有1个观测站。

我国地域广阔，在海平面附近到海拔4500米的高原都有学校，这是开展宇宙线研究得天独厚的条件。科学的魅力将吸引更多学校给予宇宙线实验更大的关注与支持，更广泛地建设校园宇宙线观测站，进而组成一个全国性的观测网络，开展宇宙线实验，让雏鹰在天地间翱翔，在宇宙线研究中打上中国学生的印记。

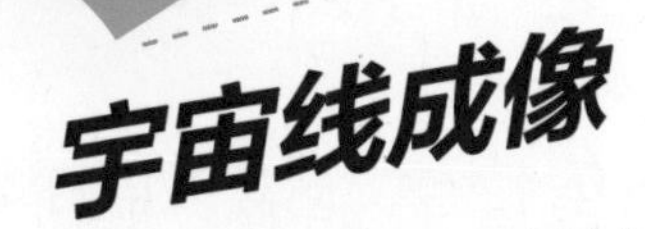

宇宙线成像

前面我们介绍的粒子加速器在考古中的应用，就是基于宇宙线的知识。我们还把粒子加速器称为“神奇侦探”：加速器产生的电子束打靶，产生高能X射线，可以对大型物件进行透视。利用“天然加速器”产生的宇宙射线，也可以对大型物件做透视成像，在考古等相关领域发挥着重要作用。

神秘的埃及金字塔有许多未解之谜。胡夫金字塔高137米、底部是一个边长为230米的正方形，塔身由数百万块巨石修砌而成，总重量达680万吨，是埃及现存最大的一座金字塔。对于这样的庞然大物，有什么办法对它的内部结构进行考察呢？

为了考察大金字塔的内部结构，研究人员使用了一种基于粒子加速器的高能物理实验技术——缪子成像。所不同的是，这里作为“探针”的粒子，不是由“人造加速器”产生的，而是来自“天然加速器”的宇宙射线。宇宙线广延大气簇射，每分钟大约有10000个缪子到达地面，虽然这个数量远远少于加速器的电子产额，但它们的能量很高，可以穿透更厚的岩层。在对胡夫金字塔的考察中，科学家就采用了宇宙线缪子成像技术。研究人员把缪子探测器阵列放置在金字塔中，测量不同位置缪子的强度。来自上方的宇宙线缪子，穿过金字塔时会部分地被岩石吸收，如果中间存在空洞，缪子被吸收得就少一些，就会

胡夫金字塔
（图片来源：https://commons.m.wikimedia.org/wiki/File:Pyramid_of_Cheops_02.JPG）

古埃及金字塔中最大的金字塔，建成于公元前2560年，被称为“世界古代八大奇迹”。

有更多的缪子到达探测器。利用这样的方法，就可以对金字塔进行透视成像，了解它的内部情况。

金字塔内室的透视图
（图片来源：ScanPyramids Mission）

2015年12月，一支来自日本名古屋大学的研究团队，对胡夫金字塔进行了研究。他们在金字塔内与走廊相通的女王室（Queen' s chamber）里放置了一系列高灵敏度的探测器，在那里可以探测到从上方穿过金字塔的宇宙线缪子。经过长达数月的测量，他们发现在胡夫金字塔内部存在一个很大的空洞结构。为了检验这个结果，来自日本高能加速器研究机构和法国再生能源与原子能委员会的另外两个研究团队，使用了放置在金字塔内外其他位置的探测器阵列进行了观测。三组科学家使用了不同类型的缪子探测器，分别是核乳胶技术、闪烁描迹仪和气体探测器的阵列。三组科学家得出了相同的结论：在胡夫金字塔内部，存在一个长约30米、高数米的巨大悬空封闭结构。这个惊人的发现，被以“大金字塔的巨大秘密”为题，发表在2015年12月出版的《自然》（*Nature*）杂志上，引起了全世界的关注。

研究人员在金字塔内部的空间里安放缪子探测器
（图片来源：ScanPyramids Mission）

宇宙线缪子成像技术，帮助科学家揭示了金字塔的结构之谜，打开了人们的视野，也为火山、冰川和受损坏的核反应堆等难以接近的大型物体的探测与研究提供了强有力的手段。

亲爱的读者，你是不是感受到了天然加速器和宇宙线观测的魅力？参与进来吧，亲手制作仪器，直接参加研究，探索宇宙奥秘，享受科学乐趣，当一名小小科学家。